建筑工程细部节点做法与~~~~丛书

给水排水工程细部节点做法与施工工艺图解

（第二版）

丛书主编：毛志兵

本书主编：颜钢文

组织编写：中国土木工程学会总工程师工作委员会

中国建筑工业出版社

图书在版编目（CIP）数据

给水排水工程细部节点做法与施工工艺图解 / 颜钢文本书主编；中国土木工程学会总工程师工作委员会组织编写. -- 2 版. -- 北京：中国建筑工业出版社，2024. 12. --（建筑工程细部节点做法与施工工艺图解丛书 / 毛志兵主编）. -- ISBN 978-7-112-30849-1

Ⅰ. TU991-64

中国国家版本馆 CIP 数据核字第 20258JM393 号

本书以通俗、易懂、简单、经济、实用为出发点，从节点图、实体照片、工艺说明三个方面解读工程节点做法。本书分为室内给水系统、室内排水系统、室内热水系统、卫生器具、室内供暖系统、室外给水管网、室外排水管网、室外供热管网、建筑饮用水供应系统、建筑中水系统及雨水利用系统、游泳池及公共浴池水系统、热源及辅助设备、监测与控制仪表、深化设计十四章，提供了几百个常用细部节点做法，能够对项目基层管理岗位及操作层的实体操作及质量控制有所启发和帮助。

本书是一本实用性图书，可以作为监理单位、施工企业、一线管理人员及劳务操作人员的培训教材。

除特别说明外，书中未标注尺寸的，长度单位为"mm"，标高单位为"m"。

责任编辑：张　磊　王砾瑶
责任校对：赵　力

建筑工程细部节点做法与施工工艺图解丛书
给水排水工程细部节点做法与
施工工艺图解
（第二版）
丛书主编：毛志兵
本书主编：颜钢文
组织编写：中国土木工程学会总工程师工作委员会

＊

中国建筑工业出版社出版、发行（北京海淀三里河路 9 号）
各地新华书店、建筑书店经销
北京鸿文瀚海文化传媒有限公司制版
北京圣夫亚美印刷有限公司印刷

＊

开本：850 毫米×1168 毫米　1/32　印张：7　字数：195 千字
2025 年 1 月第二版　　2025 年 1 月第一次印刷
定价：39.00 元
ISBN 978-7-112-30849-1
（43871）

版权所有　翻印必究
如有内容及印装质量问题，请与本社读者服务中心联系
电话：(010) 58337283　QQ：2885381756
（地址：北京海淀三里河路 9 号中国建筑工业出版社 604 室　邮政编码：100037）

丛书编委会

主　编：毛志兵

副主编：朱晓伟　刘　杨　刘明生　刘福建　李景芳
　　　　　杨健康　吴克辛　张太清　张可文　陈振明
　　　　　陈硕晖　欧亚明　金　睿　赵秋萍　赵福明
　　　　　黄克起　颜钢文

本书编委会

主　　编：颜钢文

副主编：李振威

编写人员：陈生军　车　越　丁端平　恩　旭

　　　　　郭俊豪　胡英华　李　策　李慧冬

　　　　　李晓辰　刘建强　穆华瑛　黎　悦

　　　　　宋　健　石　松　申建州　苏小惠

　　　　　谭　俊　唐善彬　王　亨　王宏波

　　　　　王培毅　徐尚玲　谢会雪　谢宇轩

　　　　　杨茗博　张　正

丛书前言

"建筑工程细部节点做法与施工工艺图解丛书"自 2018 年出版发行后，受到了业内工程施工一线技术人员的欢迎，截至 2023 年底，累计销售已近 20 万册。本丛书对建筑工程高质量发展起到了重要作用。近年来，随着建筑工程新结构、新材料、新工艺、新技术不断涌现以及工业化建造、智能化建造和绿色化建造等理念的传播，施工技术得到了跨越式的发展，新的节点形式和做法进一步提高了工程施工质量和效率。特别是 2021 年以来，住房和城乡建设部陆续发布并实施了一批有关工程施工的国家标准和政策法规，显示了对工程质量问题的高度重视。

为了促进全行业施工技术的发展及施工操作水平的整体提升，紧随新的技术潮流，中国土木工程学会总工程师工作委员会组织了第一版丛书的主要编写单位以及业界有代表性的相关专家学者，在第一版丛书的基础上编写了"建筑工程细部节点做法与施工工艺图解丛书（第二版）"（简称新版丛书）。新版丛书沿用了第一版丛书的组织形式，每册独立组成编委会，在丛书编委会的统一指导下，根据不同专业分别编写，共 11 分册。新版丛书结合国家现行标准的修订情况和施工技术的发展，进一步完善第一版丛书细部节点的相关做法。在形式上，结合第一版丛书通俗易懂、经济实用的特点，从节点构造、实体照片、工艺要点等几个方面，解读工程节点做法与施工工艺；在内容上，随着绿色建筑、智能建筑的发展，新标准的出台和修订，部分节点的做法有一定的精进，新版丛书根据新标准的要求和工艺的进步，进一步完善节点的做法，同时补充新节点的施工工艺；在行文结构中，进一步沿用第一版丛书的编写方式，采用"施工方式＋案例""示意图＋现场图"的形式，使本丛书的编写更加简明扼要、方便查找。

　　新版丛书作为一本实用性的工具书，按不同专业介绍了工程实践中常用的细部节点做法，可以作为设计单位、监理单位、施工企业、一线管理人员及劳务操作层的培训教材，希望对项目各参建方的实际操作和品质控制有所启发和帮助。

　　新版丛书虽经过长时间准备、多次研讨与审查修改，但仍难免存在疏漏与不足之处，恳请广大读者提出宝贵意见，以便进一步修改完善。

丛书主编：毛志兵

本书前言

本分册根据建筑工程细部节点做法与施工工艺图解丛书编委会的要求,由北京城建集团有限责任公司、北京城建集团有限责任公司工程总承包部、北京城建集团有限责任公司国际事业部、北京住总集团有限责任公司、北京城建投资发展股份有限公司、北京城建建设工程有限公司、北京城建一建设发展有限公司、北京城建十六建筑工程有限责任公司、北京城建智控科技股份有限公司、北京城建亚泰建设集团有限公司、北京城建安装集团有限公司、北京城建六建设集团有限公司、北京城建北方集团有限公司共同编制。

在编写过程中,编写组认真研究了《建筑给水排水与节水通用规范》GB 55020—2021 等强制性工程建设规范,《建筑给水排水及采暖工程施工质量验收规范》GB 50242—2002、《消防给水及消火栓系统技术规范》GB 50974—2014、《自动喷水灭火系统施工及验收规范》GB 50261—2017 等有关质量、技术规范和图集,结合施工经验进行编制,并组织公司内、外专家进行审查后定稿。

本分册章节排版充分结合了《建筑工程施工质量验收统一标准》GB 50300—2013 分部分项划分顺序,并在第十四章补充了重点部位和关键节点的深化设计要求,每个节点包括实景或图片及工艺说明两部分,力求做到图文并茂、通俗易懂。

本分册编制和审核过程中,参考了众多专著书刊,在此表示感谢。

由于时间仓促,经验不足,书中难免存在缺点和错漏,恳请广大读者指正,意见或建议可发电子邮件至 bucgzlb@163.com。

目 录

第一章 室内给水系统

第二章 室内排水系统

第三章 室内热水系统

第四章　卫生器具

第五章　室内供暖系统

第六章 室外给水管网

第七章 室外排水管网

第八章 室外供热管网

第九章 建筑饮用水供应系统

第十章　建筑中水系统及雨水利用系统

第十一章　游泳池及公共浴池水系统

第十二章　热源及辅助设备

第十三章　监测与控制仪表

第十四章　深化设计

第一章　室内给水系统

010101 薄壁不锈钢管环压连接

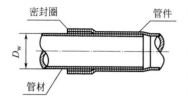

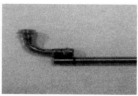

薄壁不锈钢管环压连接前示意图

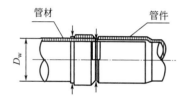

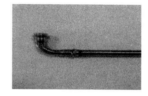

薄壁不锈钢管环压连接后示意图

工艺说明

（1）薄壁不锈钢管道环压式连接适用于公称尺寸 DN15～DN150。

（2）插入环压式管件承口时，应确保插入长度尽量接近承口长度，插入时应避免环压密封圈扭曲变形，割伤或移位。

（3）分两次环压，第一次环压，用液压油泵将两个半环压模块合拢至间隙为 2～3mm 时，松开环压模块；第二次环压，将环压钳头相对于管材管件轴线旋转 30°～90°后，再用液压油泵使两个半环压模块完全合拢。此时通过环压工具产生的压力，使管材与管件局部内缩形成凹槽，达到所需的连接强度。同时密封圈产生压缩变形而充分填充管材管件的空隙，使管件端口内收至紧贴管材，从而达到密封效果。

010102 薄壁不锈钢管双卡压连接

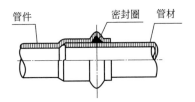

薄壁不锈钢管双卡压连接前示意图

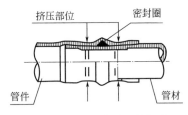

薄壁不锈钢管双卡压连接后示意图

工艺说明

（1）薄壁不锈钢管道双卡压连接适用于公称尺寸DN15～DN100。

（2）双卡压管件为密封圈内嵌式，不需要再单独安装密封圈；插入卡压式管件承口时，确保插入长度接近承口长度即可；双卡压时，双卡压组件着色挡板必须指向管材方向。

（3）将卡压钳凹槽安置在接头本体圆弧凸出部位，通过压接工具产生恒定的压力，使管件和管材的外形微变形，在接头本体圆弧突出部位两侧各压出一道锁固凹槽结构，达到所需连接强度，同时使O形密封圈产生压缩变形，保障密封效果。

010103 薄壁不锈钢管沟槽式连接

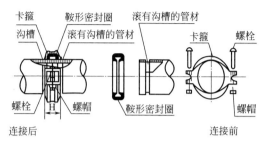

沟槽连接示意图

薄壁不锈钢管沟槽连接施工现场图

工艺说明

（1）薄壁不锈钢管道沟槽式连接适用于公称尺寸DN125～DN300。

（2）管材端部用滚槽机滚槽时需严格控制管材轴心平整度、滚槽机转速，确保沟槽加工时间、沟槽深度和宽度符合《建筑给水薄壁不锈钢管道安装》22S407-2 的规定，加工后的管端至沟槽段表面应平整、无凹凸、无滚痕。

（3）密封圈安装时内侧用清洁剂涂抹（严禁油性润滑剂），其鞍形两侧分别套在被连接管道端头处，不可有损伤、扭曲。

（4）压紧卡箍件至端面闭合后，安装紧固螺栓和螺帽，应均匀交替地拧紧，要求密封圈不起皱、不外凸。

010104 衬塑钢管螺纹卡环式连接

DN≤50外丝直通连接

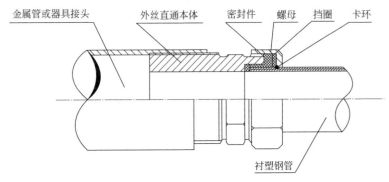

金属管或器具接头　　外丝直通本体　密封件　螺母　挡圈　卡环

衬塑钢管

DN≤50内丝直通连接

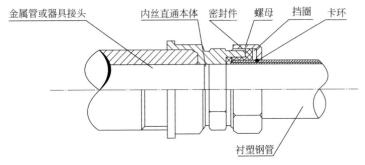

金属管或器具接头　　内丝直通本体　密封件　螺母　挡圈　卡环

衬塑钢管

衬塑钢管螺纹卡环式连接示意图

工艺说明

（1）衬塑钢管螺纹卡环式连接适用于公称尺寸 DN≤50。

（2）用专用滚槽机上的割刀断管并清除飞边、毛刺，依次在已制好槽的管材上套上螺母、卡环（卡环卡入槽中）、挡圈、密封件，再插入管件的承插口内，逐步扭紧螺母。

010105 衬塑钢管法兰卡环式连接

DN≥65直通连接

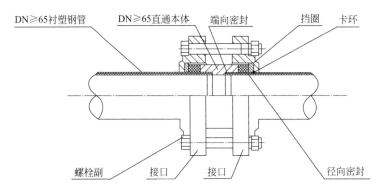

DN≥65与金属器具法兰接口直接连接

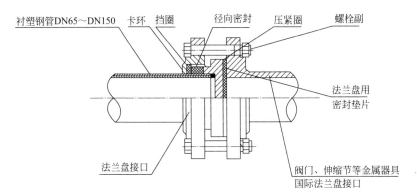

衬塑钢管法兰卡环式连接示意图

工艺说明

（1）衬塑钢管螺纹卡环式连接适用于公称尺寸 DN≥65。

（2）用专用滚槽机上的割刀断管并清除飞边、毛刺，依次在已制好槽的管材上套入接口、卡环（卡环卡入槽中）、挡圈、径向密封，再插入管件已安放端向密封的承插孔内；逐步对角扭紧螺栓副。

010106 镀锌钢管螺纹连接

序号	安装步骤	安装图片
1	清理管口	
2	螺纹连接	外露螺纹2～3扣，清除填料，涂防锈漆
3	防腐	防锈漆

镀锌钢管螺纹连接示意图

工艺说明

（1）加工螺纹的套丝机必须带有自动度量设备，螺纹的加工应做到端正、清晰、完整光滑，不得有毛刺、断丝，缺丝总长度不得超过螺纹长度的10%。

（2）管道连接前，先清理管口端面，并形成一定坡面；螺纹连接时，填料采用白厚漆麻丝或四氟乙烯生料带，一次拧紧，不得回拧，紧后留有螺纹2～3圈。

（3）管道连接后，把挤到螺纹外的填料清理干净，填料不得挤入管腔，同时对裸露的螺纹进行防腐处理。

010107 镀锌钢管沟槽连接

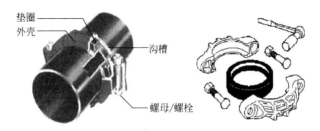

镀锌钢管沟槽连接示意图

镀锌钢管沟槽连接施工现场图

工艺说明

（1）准备好符合要求的沟槽管段、配件和附件。钢管端面不得有毛刺，检查橡胶密封圈是否损伤，将其套上一根钢管的端部。

（2）将另一根钢管靠近已套上橡胶密封圈的钢管端部，两端间应按标准要求留有一定间隙，将橡胶密封圈套上另一根钢管端部，使橡胶密封圈位于接口中间部位，并在其周边涂抹润滑剂。

（3）在接口位置橡胶密封圈外侧将金属卡箍上、下接头凸边卡进沟槽内；压紧上、下接头的耳部，将上、下接头靠紧。

（4）在接头螺孔位置穿上螺栓，并均匀轮换拧紧螺母，以防止橡胶密封圈起皱；收紧力矩应适中，严禁用大扳手上紧小螺栓，以免收紧力过大，螺栓受损伤。

010108 PPR 管热熔连接

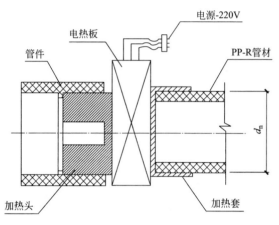

承口、插口加热

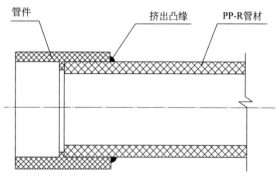

管道连接剖面

热熔连接示意图（一）

热熔技术要求

d_n(mm)	20	25	32	40	50	63	75	90	110
最小承插深度(mm)	11.0	12.5	14.6	17.0	20.0	23.9	27.5	32.0	38.0
加热时间(s)	5	7	8	12	18	24	30	40	50
加工时间(s)	4	4	4	6	6	6	10	10	15
冷却时间(min)	3	3	4	4	5	6	8	8	10

热熔连接示意图（二）

工艺说明

（1）热熔工具接通电源，到达工作温度（250～270℃）指示灯亮后方能开始操作。

（2）管材切割一般使用管子剪或管道切割机，也可使用钢锯，但切割后管材端面应去除毛边和毛刺。

（3）无旋转地把管端导入加热套管内，插入所标志的深度，同时，无旋转地把管件推到加热头上，达到规定标志处，加热时间应按热熔工具生产厂规定（也可按上表要求）执行。达到加热时间后，立即把管材和管件从加热套与加热头上同时取下，迅速把管材和管件插入到所标深度，使接头处形成均匀凸缘。

010109 钢丝网骨架塑料（聚乙烯）复合管热熔连接

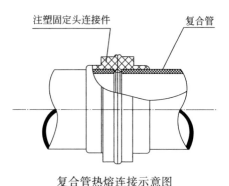

注塑固定头连接件　　　　　复合管

复合管热熔连接示意图

工艺说明

（1）采用专业热熔对接设备进行连接，连接时应校直两对应的固定接头式钢丝网骨架塑料聚乙烯复合管，使其在同一轴线上。

（2）固定头连接面上的污物应使用洁净棉布擦净，并铣削连接面，使其与轴线垂直，待连接件的断面用加热板加热，当加热结束，加热板应迅速脱离连接件，并用均匀压力使连接面完全接触，并翻边，在管外形成均匀一致的凸缘。

（3）在热熔连接及冷却过程中，不得移动、转动接头部位及两侧管道，不得在连接部位和管道上施加任何外力。

010110 钢丝网骨架塑料（聚乙烯）复合管电熔连接

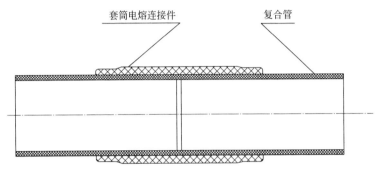

套筒电熔连接件　　　　复合管

复合管电熔连接示意图

工艺说明

（1）管道电熔连接，应将连接表面上的污物清理洁净，并保持连接表面不受潮。管材承、插口接触部位的表皮应用锐器刮出，且应在被连接管材表面上标出管的插入深度。

（2）通电前应使套筒连接件与管道在同一轴线上。

（3）在电熔连接及冷却过程中，不得移动、转动接头的部位及两侧的管道，不得在连接部位和管道上施加任何外力。

010111 柔性防水套管安装

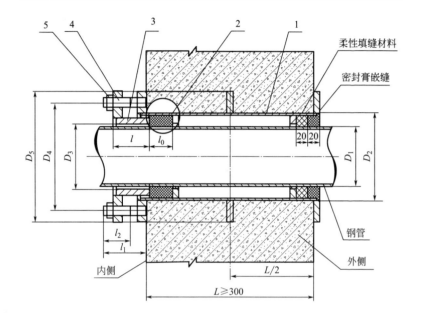

柔性填缝材料

密封膏嵌缝

钢管

内侧

外侧

材料表

序号	名称	数量	材料
1	法兰套管	1	Q235-A
2	密封圈　Ⅰ型	2	橡胶
	密封圈　Ⅱ型	1	橡胶
3	法兰压盖	1	Q235-A
4	螺柱	n	4.8
5	螺母	n	4

柔性防水套管安装示意图

D_1—钢管直径；D_2—挡圈直径；D_3—法兰压盖内径；D_4—法兰压盖螺栓
孔最大间距；D_5—翼环直径；L—墙体厚度

工艺说明

（1）柔性防水套管适用于管道穿过墙壁之处受有振动或有严密防水要求的构（建）筑物。

（2）套管穿墙处如遇非混凝土墙壁时，应局部改用混凝土墙壁，其浇筑范围应比翼环直径大200mm，而且必须将套管一次浇固于墙内。

（3）穿管处混凝土墙厚应不小于300mm，否则应使墙壁一边加厚或两边加厚，加厚部分的直径至少为翼环直径+200mm。

（4）套管定位和安装：根据设计图纸查出套管标高、坐标；根据施工现场结构轴线、结构标高进行现场定位。套管安装采用套管两侧上下两端附加短筋，再用铅丝将附加短筋与结构钢筋绑扎牢固。安装完成后，套管应和墙面相垂直，套管中心线和管道设计中心线重合。

（5）套管与管道之间应按上图要求采用柔性填缝材料封堵和密封膏嵌缝，在填塞封堵过程中，应注意保证套管与管道间的环形间隙一致。

010112 刚性防水套管安装

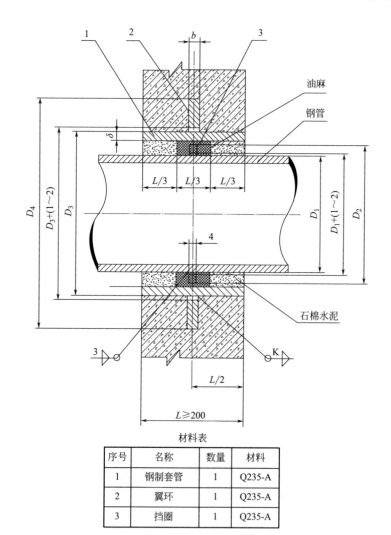

材料表

序号	名称	数量	材料
1	钢制套管	1	Q235-A
2	翼环	1	Q235-A
3	挡圈	1	Q235-A

刚性防水套管安装示意图

D_1—钢管直径；D_2—挡圈直径；D_3—法兰压盖内径；D_4—翼环直径；L—墙厚

工艺说明

　　（1）刚性防水套管适用于管道穿墙处不承受管道振动和伸缩变形的构（建）筑物。

　　（2）穿墙设置的刚性防水套管与土建施工同步，固定在钢筋上，且保持水平。套管安装高度，必须符合设计要求。安装完毕后，在模板上用油漆作上标记，拆模后及时清理套管内杂物。

　　（3）穿楼板的防水套管应在安装立管时一同进行，并在进行预留孔洞修补前，把套管固定好；吊补洞分二次进行捣浇，第一次为孔洞高度的 2/3，第二次为孔洞高度的 1/3，以保证楼板面浇捣密实，防止渗水。

　　（4）刚性防水套管与管道之间应采用油麻进行填塞，后采用石棉水泥将两端封堵严实，在填塞封堵过程中，应注意保证套管与管道间的环形间隙一致。

010201 给水泵组安装

给水泵组安装现场图

工艺说明

（1）水泵就位前的基础混凝土强度、坐标、标高、尺寸和螺栓孔位置必须符合设计规定。

（2）整体出厂的泵在保修期内时，其内部零件不宜拆卸，如确需拆卸时应按设备技术文件的规定进行。整体安装的水泵，纵向安装水平偏差不应大于0.10‰，横向安装水平偏差不应大于0.20‰。

（3）水泵配管安装应在水泵定位找平正、稳固后进行，水泵设备不得承受管道的重量。与水泵连接的管道应清洁其内部和管端，与水泵连接后不宜在其上面进行焊接和气割，如确需进行时，应拆下管道或采取相关措施，以免焊渣掉入泵内。

010202 紫外线消毒器安装

紫外线消毒器安装示意图

工艺说明

（1）紫外线消毒器安装位置应便于检修，电控箱应安装在装置附近，安装环境相对湿度不应大于80℃，无腐蚀性气体、无导电尘埃、无强烈振动和冲击。

（2）水管应安装在水泵前面，以免压力过大损坏影响供水。进出水口旁边尽量安装阀门，便于设备出现问题或更换灯管时影响供水。为便于更换灯管和石英管，一侧要留有1.2m的空间。

（3）设备安装前需先进行通水试验。

010203 隔膜式气压罐安装

隔膜式气压罐安装现场图

工艺说明

（1）隔膜式气压罐应设置泄水装置，在管路系统上应设有检修阀、安全阀等附件。

（2）隔膜式气压罐与墙面或其他设备之间应留有不小于700mm间距。

（3）设备的外围应设有排水设施，便于维修时泄水或排除事故漏水。

（4）设备应进行整体水压试验、水压强度试验及严密性试验，应按现行有关规定及厂家设备说明书执行。

010204 不锈钢水箱安装

不锈钢水箱安装现场图

工艺说明

（1）不锈钢水箱高度不宜超过 3m，当水箱高度大于 1.5m 时，水箱内外应设爬梯。

（2）建筑物内水箱侧壁与墙面间距不宜小于 0.7m，安装有管道的侧面，净距离不宜小于 1.0m；水箱与室内建筑凸出部分间距不宜小于 0.5m；水箱顶部与楼板间距不宜小于 0.8m；水箱底部应架空，距地面不宜小于 0.5m，并应有排水条件。

（3）水箱应按图纸要求预留进水管、出水管、溢流管、泄水管、水位信号管等附件。

（4）水箱安装完毕后应做满水试验，注水时应缓慢地向水箱内注入，随时观测水箱的受力及是否渗漏，满水后静置 24h 观察，不渗不漏为合格。

010205 不锈钢水箱附件安装

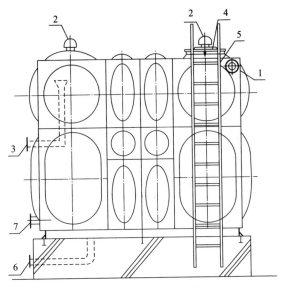

不锈钢水箱附件安装示意图

1—进水管；2—通气管；3—溢水管；4—人孔；

5—外人梯；6—泄水管；7—出水管

工艺说明

（1）水箱进水管宜在水箱的溢流水位以上接入。

（2）出水管管底应高于水箱内底，高差不小于0.1m。

（3）溢流管的管径，应按能排泄水箱的最大流量确定，并宜比进水管管径大一级；宜采用喇叭口集水，喇叭口下的垂直管段不宜小于4倍溢流管管径，溢流管出口末端应设置耐腐蚀材料制作的防护网，与排水系统不得直接连接并应有不小于0.2m的空气间隙。

（4）泄水管应设在水箱底部，管径不应小于DN50；通气管管径不应小于DN25；通气管应采取防护措施；水箱人孔必须加盖、带锁、封闭严密。

010206 Y形过滤器安装

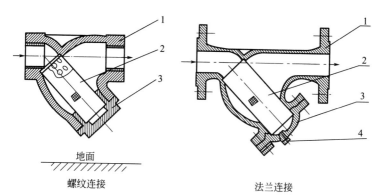

地面

螺纹连接   法兰连接

Y形过滤器安装示意图

1—阀体；2—不锈钢过滤网；3—过滤器盖；4—排污口

工艺说明

（1）过滤器可水平安装，也可垂直安装，注意清理端口需向下，初次通水后，应打开排污口，排除网内杂物。

（2）安装位置应选在操作方便、维修方便的地方，便于日常维护和清洁。

（3）安装过滤器前应对管道进行清洗，确保管道内无杂质。

010207 可调式减压阀安装

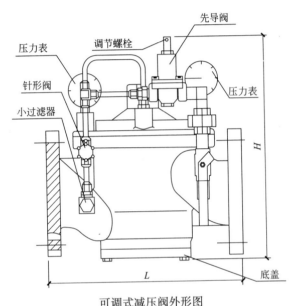

可调式减压阀外形图

L—可调式减压阀长度；H—可调式减压阀高度

工艺说明

(1) 安装减压阀前应清除干净管道内杂物。

(2) 减压阀的公称直径应与管道管径一致。

(3) 减压阀应设置在单向流动的管道上，安装时应注意减压阀水流方向，不得装反。

(4) 减压阀前应设阀门和过滤器，阀后应设阀门。

(5) 可调式减压阀的阀前与阀后的最大压差不应大于0.4MPa，要求环境安静的场所最大压差不应大于0.3MPa。

(6) 减压阀的设计和设置应考虑减压阀自身的水头损失、气蚀、噪声、腐蚀、结垢等因素对减压阀的影响。

010208 水表安装

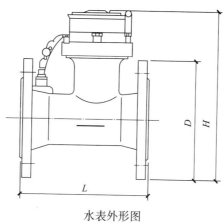

水表外形图

L—水表长度；*H*—水表高度；*D*—水表法兰直径

工艺说明

（1）本篇仅描述水平螺翼式水表安装，水表尺寸可参照华北地区标准图集《给水工程》11BS3。

（2）水表应安装在便于检修，不受暴晒、污染和冻结的地方。安装螺翼式水表，表前与阀门应有不小于8倍水表接口直径的直线管段。

（3）表外壳距墙表面净距为10～30mm，水表进水口中心标高按设计要求，允许偏差±10mm。

（4）塑料给水管道上的水表其重量不得作用于管道上，当管径≥50mm时，必须设独立的支承装置。

010301 消防水泵安装

消防水泵安装现场图

工艺说明

（1）安装前检查水泵基础是否符合设计要求（位置、长、宽、高、预埋件等）。

（2）安装前将地脚螺栓上的油污和氧化皮清理干净，螺纹部分应涂少量油脂。地脚螺栓露出基础部分应垂直，水泵底座套入地脚螺栓应有调整余量，每个地脚螺栓均不得有卡住现象。

（3）螺母与垫圈、垫圈与水泵底座间的接触应紧密。拧紧螺母后，螺栓应露出螺母，露出长度应为螺栓直径的1/3～2/3。在基础预留孔中的二次浇灌混凝土达到设计强度75%以上时拧紧地脚螺栓，各螺栓的拧紧力应均匀。

010302 水泵吸入口管道连接做法

水泵吸入口管道连接现场图

工艺说明

（1）水泵吸入口管道水平段严禁因避让其他管道安装向上或向下的弯。

（2）水泵吸入管变径时，应做偏心变径管，管顶上平。

（3）水泵吸入管与泵体连接处，应设置可挠曲软接头，不宜采用金属软管。

010303 增压稳压设备安装

增压稳压设备安装示意图

工艺说明

　　（1）设备可采用一体化组合系统整体钢支座支承，也可以采用支承式支座，设备与基础应牢固连接。

　　（2）设备的连接管道、配件、气压罐等外表面应刷防锈漆两道，气压水罐内表面应刷无毒防腐涂料。

　　（3）设备的外围应有排水设施，便于维修时泄水或排除事故漏水。

010304 明装消火栓箱的安装

明装消火栓箱安装现场图

工艺说明

（1）明装箱体安装前应核查箱体固定位置，墙体型式是否牢固，对轻质墙体或空心砖墙体应采取加固措施，做固定支架进行加固，箱门开启角度不应小于120°。

（2）安装室内消火栓箱时，必须取出箱内的水龙带、水枪等全部配件，箱体安装好后再全部复原；消火栓应安装平整牢固，各零件应齐全可靠。

010305 暗装消火栓箱的安装

暗装消火栓箱安装现场图

工艺说明

（1）暗装箱应在土建主体施工时做好预留洞工作，预留洞体一般大于箱体尺寸50～100mm。

（2）消防箱内的击碎按钮设置应与开门方向一致，对于1.8m高的消火栓箱，电气分线盒高度可设在1.5m处，在预留洞侧面留分线盒，电气配合完成穿线隐蔽工作。

（3）安装消火栓箱时应保持与墙体最终装饰面平齐，箱体安装时应找正找垂直，在预留洞内稳固时采用木楔加固四角，不可加固边框以防止变形，加固好的消火栓箱体应及时填补洞与箱的边隙，填补工作最好由土建配合以保证不产生裂缝。

（4）消火栓箱门的开启角度不应小于120°。

010306 半明半暗消火栓箱安装

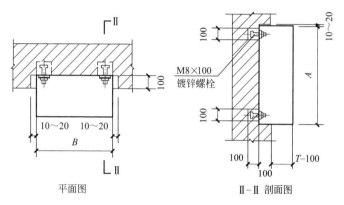

平面图　　　　　　　　　　Ⅱ-Ⅱ 剖面图

半明半暗消火栓箱安装示意图

工艺说明

（1）采用半明半暗安装前，需在土建砌砖墙时，预留好消火栓箱洞，也可事先钉好一个比消火栓箱尺寸稍大一些的木盒，按照图纸的位置、标高，预埋在墙体内。

（2）正式安装时，拆除木盒，当消火栓箱就位安装时，应根据高度和位置尺寸找正找平，使箱边沿与抹灰墙保持水平，再用水泥砂浆塞满箱四周空间，将箱体稳固。

010307 消火栓管道标识

消火栓管道标识现场图

工艺说明

(1) 架空管道外应刷红色油漆或涂红色环圈标志,并应注明管道名称和水流方向标识。

(2) 红色环圈标志,宽度不应小于20mm,间隔不宜大于4m,在一个独立的单元内环圈不宜少于2处。

010308 灭火剂储存装置安装

灭火剂储存装置安装现场图

工艺说明

（1）储存装置的布置，应便于操作、维修及避免阳光照射，操作面距墙面或两操作面之间的距离不宜小于1.0m。

（2）同一集流管上的储存容器，其规格、充装压力和充装量应相同。

（3）储气瓶的灭火剂名称标识应朝向操作面，并按容器编号顺序排列。

（4）储存装置、集流管的支、框架应固定牢靠，并做接地与防腐处理。

010309 灭火剂瓶架安装

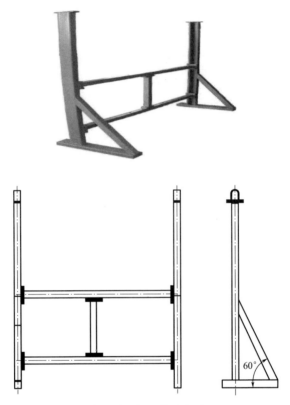

灭火剂瓶架安装示意图

工艺说明

（1）用于安放和固定灭火剂贮存容器、安放集流管，防止瓶组和集流管工作时晃动，瓶组支架主要由左柱、右柱、中支柱、上梁、下梁和管箍组成。

（2）灭火剂瓶架应固定牢固。

010310 选择阀及信号反馈装置安装

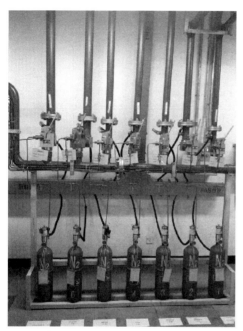

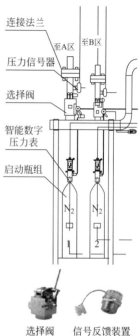

连接法兰

至A区 至B区

压力信号器

选择阀

智能数字
压力表

启动瓶组

N_2 N_2

1 2

选择阀　　信号反馈装置

选择阀及信号反馈装置安装现场图

工艺说明

（1）选择阀门操作手柄安装在操作面的一侧，当安装高度超过1.7m时采用便于操作的措施。采用螺纹连接的选择阀，其与管网连接处宜采用活接；选择阀的流向指示箭头要指向介质流动方向；选择阀上要设置标明防护区或保护对象名称或编号的永久性标志牌，并应便于观察。

（2）信号反馈装置的安装符合设计要求。

010311 灭火剂输送管道及配件安装

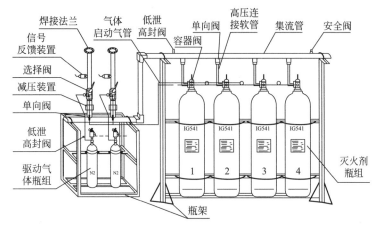

灭火剂输送管道及配件安装示意图

工艺说明

（1）灭火剂输送管道的连接，当 DN≤80mm 时，宜采用螺纹连接；当 DN>80mm 时，宜采用法兰连接。

（2）灭火剂输送管道的外表面宜涂红色油漆。在吊顶内、活动地板下等隐蔽场所内的管道，可涂红色油漆色环，色环宽度不应小于50mm，每个防护区或保护对象的色环宽度要一致，间距应均匀。

010312 喷嘴安装

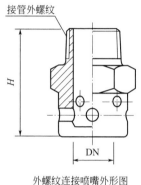

接管外螺纹

H

DN

外螺纹连接喷嘴外形图

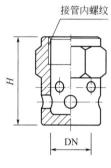

接管内螺纹

H

DN

内螺纹连接喷嘴外形图

喷嘴安装示意图

H—喷嘴长度；DN—喷嘴直径

工艺说明

（1）喷嘴安装时要按设计要求逐个核对其型号、规格及喷孔方向。

（2）安装在吊顶下的不带装饰罩的喷嘴，其连接管管端螺纹不能露出吊顶；安装在吊顶下的带装饰罩的喷嘴，其装饰罩要紧贴吊顶。

010313 柜式气体灭火装置安装

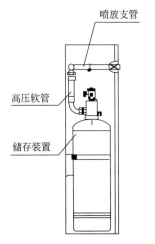

喷放支管

高压软管

储存装置

柜式气体灭火装置安装示意图

工艺说明

（1）柜式气体灭火装置设置场所不应有易爆、导电尘埃及具有腐蚀性等有害物质，其安装位置应远离热源，并不易受到振动和碰撞，装置正面的操作空间不宜小于1.0m。

（2）同一防护区内的柜式气体灭火装置数量多于1台时，应能同时启动，其动作响应时差不得大于2s。

010401 湿式报警阀组安装

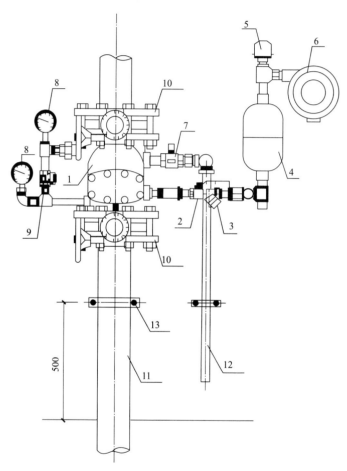

湿式报警阀组安装示意图（一）

主要器材数量表

编号	名称	数量	单位	备注
1	湿式报警阀	1	个	公称直径：DN100/150/200/250 额定工作压力：1.2MPa、1.6MPa
2	阀门(检修用)	1	个	
3	过滤器	1	个	
4	延迟器	1	个	由湿式报警阀配套供应； 应与湿式报警阀的公称直径、 额定工作压力相匹配
5	压力开关	1	个	
6	水力警铃	1	个	
7	阀门(试验用)	1	个	
8	压力表	2	个	
9	补偿器	1	个	
10	信号蝶阀	2	个	ZSXDF DN100/150/200/250
11	消防给水管	—	m	DN100/150/200/250
12	排水管	—	m	由湿式报警阀配套供应
13	管卡	1	套	—

湿式报警阀组安装示意图（二）

工艺说明

（1）报警阀组的安装应在供水管网试压、冲洗合格后进行。安装时应先安装水源控制阀、报警阀，然后进行报警阀辅助管道的连接。

（2）报警阀组宜设在安全及易于操作的地点，安装报警阀组的室内地面应有排水设施，排水能力应满足报警阀调试、验收和利用试水阀门泄空系统管道的要求。

（3）报警阀距地面高度为1.2m，正面与墙的距离不应小于1.2m，两侧与墙的距离不应小于0.5m，报警阀组凸出部位之间的距离不应小于0.5m。

（4）应使报警阀前后的管道中能顺利充满水，压力波动时，水力警铃不应发生误报警。

010402 预作用报警阀组安装

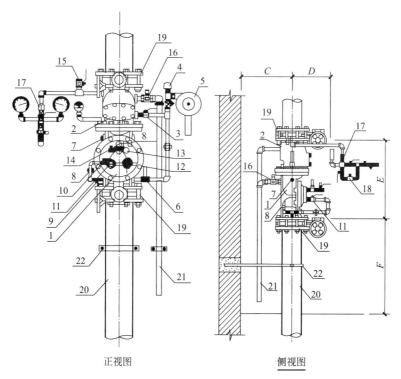

正视图　　　　　　　　　侧视图

预作用报警阀组安装示意图（一）

主要器材数量表

编号	名称	数量	单位	备注
1	雨淋报警阀	1	个	公称直径：DN100/150/200/250
2	湿式报警阀	1	个	额定工作压力：1.2MPa、1.6MPa
3	阀门(检修用)	1	个	
4	压力开关	1	个	
5	水力警铃	1	个	
6	阀门(试验用)	1	个	
7	阀门(滴水用)	1	个	
8	压力表	1	个	
9	过滤器	1	个	由预作用装置配套供应；
10	止回阀	1	个	应与预作用装置的公称直径、
11	复位球阀	1	个	额定工作压力相匹配
12	防复位球阀	1	个	
13	电磁阀	1	个	
14	手动开启装置	1	个	
15	阀门(注水用)	1	个	
16	阀门(泄水用)	2	个	
17	止回阀	1	个	
18	减压阀	1	个	
19	信号蝶阀	2	个	ZSXDF DN100/150/200/250
20	消防给水管	1	m	DN100/150/200/250
21	排水管	—	m	由预作用装置配套供应
22	管卡	1	套	—

预作用报警阀组安装示意图（二）

工艺说明

（1）报警阀组供水的最高与最低位置洒水喷头，其高程差不宜大于50m。

（2）连接报警阀进出口的控制阀应采用信号阀，当不采用信号阀时，控制阀应设锁定阀位的锁具。

（3）水力警铃应安装在有人值班的地点附近或公共通道的外墙上。

（4）预作用报警阀应垂直安装，一般距地面高度为1m左右，两侧距离1.2m。

（5）报警阀与配水干管的连接，应使水流方向一致。

010403 干式报警阀组安装

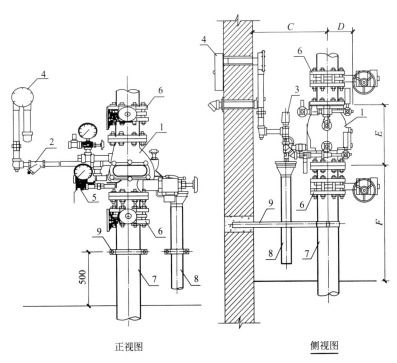

正视图

侧视图

干式报警阀组安装示意图（一）

主要器材数量表

编号	名称	数量	单位	备注
1	干式报警阀	1	个	公称直径：DN100/150 额定工作压力：1.6MPa
2	过滤器	1	个	由干式报警阀配套供应； 应与干式报警阀的公称直径、 额定工作压力相匹配
3	压力开关	1	个	
4	水力警铃	1	个	
5	阀门(试验用)	1	个	
6	信号蝶阀	2	个	ZSXDF DN100/150
7	消防给水管	—	m	DN100/150
8	排水管	—	m	由干式报警阀配套供应
9	管卡	1	套	—

干式报警阀组安装示意图（二）

工艺说明

（1）干式报警阀组应安装在不发生冰冻的场所。

（2）安装完成后，应向报警阀气室注入高度为 50～100mm 的清水。充气连接管接口应在报警阀气室充注水位以上部位，且充气连接管的直径不应小于 15mm，止回阀、截止阀应安装在充气连接管上。

（3）安全排气阀应安装在气源与报警阀之间，且应靠近报警阀。加速器应安装在靠近报警阀的位置，且应有防止水进入加速器的措施。低气压预报警装置应安装在配水干管一侧。

010404 雨淋报警阀组安装

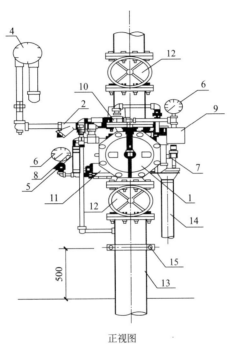

正视图

雨淋报警阀组安装示意图（一）

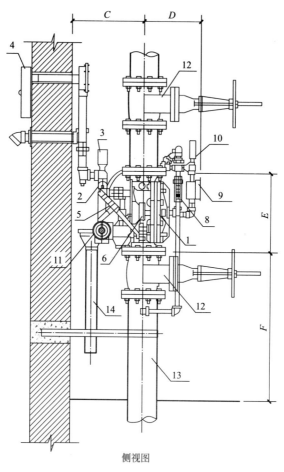

侧视图

雨淋报警阀组安装示意图（二）

主要器材数量表

编号	名称	数量	单位	备注
1	雨淋报警阀	1	个	公称直径：DN100/150/200 额定工作压力：1.6MPa
2	过滤器	1	个	
3	压力开关	1	个	
4	水力警铃	1	个	
5	阀门(试验用)	1	个	
6	压力表	1	个	由雨淋报警阀配套供应； 应与雨淋报警阀的公称直径、 额定工作压力相匹配
7	阀门(滴水用)	1	个	
8	阀门(检修用)	1	个	
9	手动开启装置	1	个	
10	自动关断阀	1	个	
11	阀门(泄水用)	1	个	
12	信号闸阀	2	个	ZSXZF DN100/150/200
13	消防给水管	—	m	DN100/150/200
14	排水管	—	m	由雨淋报警阀配套供应
15	管卡	1	套	—

雨淋报警阀组安装示意图（三）

工艺说明

（1）雨淋报警阀组可采用电动开启、传动管开启或手动开启，开启控制装置的安装应安全可靠。

（2）雨淋报警阀组手动开启装置的安装位置应符合设计要求，且在发生火灾时应能安全开启和便于操作。

（3）雨淋报警阀组的观测仪表和操作阀门的安装位置应便于观测和操作。

（4）压力表应安装在雨淋报警阀的水源一侧。

010405 水流指示器安装—法兰、沟槽连接

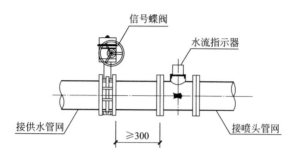

水流指示器安装图（法兰、沟槽连接）

水流指示器法兰、沟槽连接示意图

工艺说明

（1）水流指示器应使电气元件部位竖直安装在水平管上侧，其动作方向应和水流方向一致，安装后的水流指示器桨片、膜片应动作灵活，不应与管壁发生碰撞。

（2）水流指示器的安装应在管道试压和冲洗合格后进行。

（3）水流指示器与信号阀之间的距离不宜小于300mm。

010406 水流指示器安装—马鞍连接

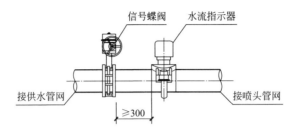

水流指示器安装图（马鞍连接）

水流指示器马鞍连接示意图

工艺说明

（1）安装马鞍式水流指示器时，应在管道上开孔，并去除毛刺，将叶片放入孔中，注意叶片平面应与管道流动方向垂直，两紧固螺母应对称上紧。

（2）水流指示器的安装应在管道试压和冲洗合格后进行。

（3）水流指示器与信号阀之间的距离不宜小于300mm。

010407 减压孔板安装

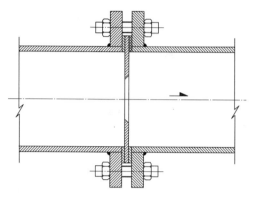

减压孔板安装图（法兰式）

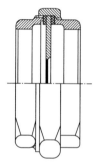

减压孔板安装图（活接头式）

工艺说明

（1）减压孔板应采用不锈钢板制作。应设在直径不小于50mm的水平直管段上，前后管段长度均不宜小于该管段直径的5倍。

（2）孔口直径不应小于设置管段直径的30%，且不应小于20mm。

010408 直立型喷头安装

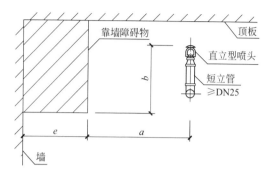

喷头与靠墙障碍物关系图

喷头与端墙的距离

火灾危险等级	喷头与端墙的最大水平距离a(m)
轻危险级	2.2
中危险级Ⅰ级	1.8
中危险级Ⅱ级	1.7
严重危险级、仓库危险级	1.5

直立型喷头安装示意图

b—喷头溅水盘与障碍物底面的垂直距离；e—障碍物横截面边长

工艺说明

（1）直立型标准覆盖面积洒水喷头和扩大覆盖洒水喷头溅水盘与顶板的距离应为75～150mm。

（2）对于障碍物横截面边长e小于750mm时，喷头与障碍物的距离应按公式$a \geqslant (e-200)+b$确定。

（3）对于障碍物横截面边长e大于或等于750mm或a的计算值大于上表中喷头与端墙距离的规定时，应在靠墙障碍物下增设喷头。

010409 隐蔽式喷头安装

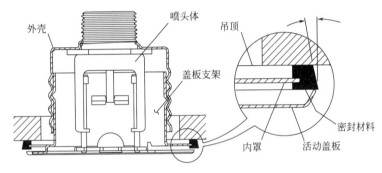

隐蔽式喷头安装示意图

图中标注：喷头体、外壳、盖板支架、吊顶、密封材料、内罩、活动盖板

工艺说明

（1）喷头安装必须在系统试压、冲洗合格后进行。

（2）喷头安装应使用专用扳手，严禁利用喷头的框架施拧。

（3）喷头的易熔合金片和喷头框架比较脆弱，安装时扳手切不可碰撞易熔合金片和喷头框架。

（4）喷头的框架、减水盘产生变形或者释放原件损伤时，应采用规格、型号相同的喷头更换。

010410 障碍物下方喷头安装

障碍物下方喷头安装图

工艺说明

（1）当梁、通风管道、成排布置的管道、桥架等障碍物的宽度大于1.2m时，其下方应增设喷头。

（2）采用早期抑制快速响应喷头和特殊应用喷头的场所，当障碍物宽度大于0.6m时，其下方应增设喷头。

010411 防护冷却喷头安装

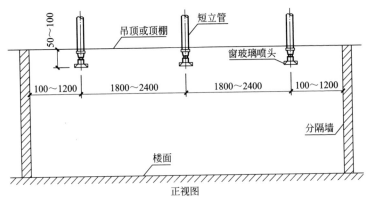

正视图

侧视图

防护冷却喷头安装示意图

工艺说明

（1）喷头垂直向下安装，喷头两扼臂与玻璃窗平行，喷头溅水盘上水流方向箭头标记应垂直指向玻璃面。

（2）可燃材料离玻璃正面的最小净距离为50mm。

010412 边墙型喷头安装

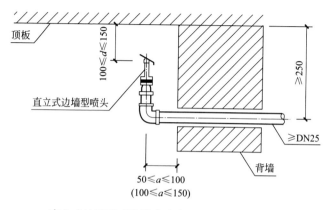

直立式边墙型喷头溅水盘与顶板及背墙关系图

注：采用边墙型扩大覆盖面积洒水喷头的场所使用图中括号内的数值。

a—喷头与背墙的距离；d—喷头溅水盘与顶板的距离

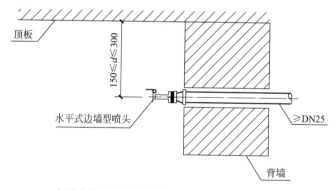

水平式边墙型喷头溅水盘与顶板及背墙关系图

工艺说明

边墙型标准覆盖面积喷头正前方 1.2m 范围内，边墙型扩大覆盖面积洒水喷头和边墙型家用喷头正前方 2.4m 范围内，顶板和吊顶下不应有阻挡喷水的障碍物。

010413 挡水板安装

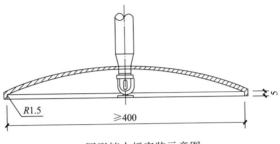

圆形挡水板安装示意图

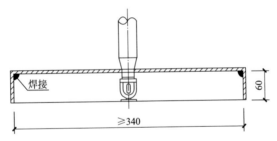

矩形挡水板安装示意图

工艺说明

　（1）挡水板应为正方形或圆形金属板，其平面面积不宜小于 $0.12m^2$。

　（2）挡水板周围弯边的下沿宜与洒水喷头的溅水盘平齐。

010414 末端试水装置安装

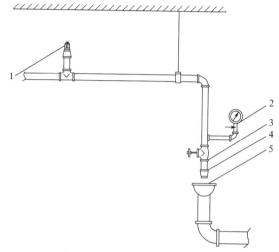

末端试水装置安装示意图

1—最不利点处喷头；2—压力表；3—球阀；4—试水接头；5—排水漏斗

工艺说明

（1）每个报警阀组控制的最不利点喷头处，应设末端试水装置，试水喷嘴出口流量系数与同楼层或所在防火分区自动喷水灭火系统最小喷头的流量系数一致。

（2）末端试水装置的安装位置应便于检查、试验，并应有相应排水能力的排水设施。

（3）末端试水装置应有标识，距地面高度宜为 1.5m，并应采取不被他用的措施。

010415 消防水炮安装

消防水炮安装现场图

工艺说明

（1）消防水炮系统是由消防水炮装置、信号阀、电磁阀、水流指示器等组件以及管道、供水设施等组成，能在发生火灾时自动探测着火部位并主动喷水的灭火系统。

（2）信号阀应安装在便于检修的位置，且应安装在水流指示器前。

（3）电磁阀宜靠近消防水炮设置，严重危险级场所如舞台等，电磁阀边上宜并列设置一个与电磁阀相同口径的手动旁通闸阀，并宜将电磁阀及手动旁通闸阀集中设置于场所附近便于人员直接操作的房间或管井内。

（4）水流指示器应安装在便于检修的位置，水流指示器的动作方向与水流方向一致。

010501 管道电伴热保温

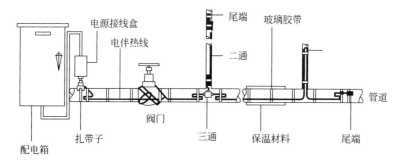

管道电伴热保温安装示意图

工艺说明

（1）电伴热带施工环境温度不宜低于－5℃。

（2）安装电伴热带时不应打硬折或长距离在地面拖拉。碰到锐利的边棱要先垫上铝箔胶带或将其锐利处打磨光滑，以防将电伴热带外层绝缘划破。

（3）安装电伴热带时，电伴热带应留有一定的富余量。在线路的第一供电点和尾端各预留1m长，二通或三通配件处各预留0.5m富余量，以便下次检修重复使用。

（4）安装一个伴热点，测量一次绝缘。屏蔽层必须接地，绝缘值不能低于50MΩ/1000V。

010601 管道冲洗、消毒

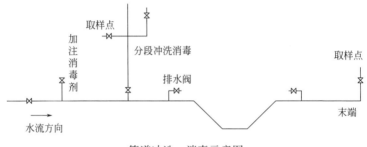

管道冲洗、消毒示意图

工艺说明

(1) 管道冲洗应在强度及严密性试验后、竣工验收前分段进行，按照先地下后地上，先干管、后支管的顺序进行冲洗，冲洗采用自来水，同时应对进行冲洗的管道进行全面检查，对系统仪表、水嘴采取保护措施，冲洗时应保证排水管路畅通安全。

(2) 冲洗管道的水质应符合国家水质标准，水量充足，第一次对管道由高至低进行冲洗，冲洗至出水口水样浊度小于3NTU止，冲洗流速应大于1.0m/s。

(3) 管道第二次冲洗应在第一次冲洗后，用有效氯离子含量不低于20mg/L的清洁水浸泡24h后，再用清洁水进行第二次冲洗直至水质检测、管理部门取样化验合格为止。

010701 管道系统水压试验

管道系统水压试验现场图

工艺说明

（1）室内给水管道的水压试验必须符合设计要求，当设计未注明时，各种材质的给水管道系统试验压力均为工作压力的 1.5 倍，但不得小于 0.6MPa。

（2）金属及复合管给水管道系统在试验压力下观测 10min，压力降幅不应大于 0.02MPa，然后降到工作压力进行检查，应不渗不漏。

（3）塑料管给水系统应在试验压力下稳压 1h，压力降幅不得超过 0.05MPa，然后在工作压力的 1.15 倍状态下稳压 2h，压力降幅不得超过 0.03MPa，同时检查各连接处不得渗漏。

010702 阀门强度和严密性试验

阀门强度和严密性试验时间

公称直径 DN（mm）	最短试验持续时间（s）		
	严密性试验		强度试验
	金属密封	非金属密封	
≤50	15	15	15
65～200	30	15	60
250～450	60	30	180

工艺说明

（1）阀门安装前，应作强度和严密性试验。试验应在每批（同牌号、同型号、同规格）数量中抽查10%，且不少于一个。对于安装在主干管上起切断作用的闭路阀门，应逐个作强度和严密性试验。

（2）阀门的强度试验压力为公称压力的1.5倍；严密性试验压力为公称压力的1.1倍；试验压力在试验持续时间内应保持不变，且壳体填料及阀瓣密封面无渗漏，阀门试压的试验持续时间不小于上表的规定。

010703 闭式喷头密封性能试验

闭式喷头密封性能试验现场图

工艺说明

(1) 闭式喷头应进行密封性能试验，以无渗漏、无损伤为合格。

(2) 试验数量应从每批中抽查 1%，并不得少于 5 只，试验压力应为 3.0MPa，保压时间不得少于 3min。当两只及两只以上不合格时，不得使用该喷头。当仅有一只不合格时，应再抽查 2%，并不得少于 10 只，重新进行密封性能试验；当仍有不合格时，不得使用该批喷头。

第二章　室内排水系统

A型柔性接口铸铁排水管连接及安装

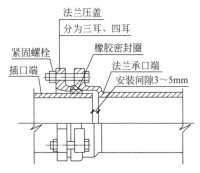

A型柔性接口连接示意图

A型柔性接口连接安装现场图

工艺说明

（1）连接时，法兰压盖套入插口端，再按一定方向套入橡胶密封圈。法兰连接时衬垫不得凸入管内，其外边缘接近螺栓孔为宜，不得安放双垫或偏垫。

（2）插口端插入法兰承口，插入长度比承口深度小3～5mm为宜，因此插入时，可先划好安装线进行控制。

（3）连接好后，用支吊架对管道初步固定，将法兰压盖与法兰承口用螺栓紧固，螺栓应按一定方向逐个依次拧紧，挤压设在两端口间的橡胶密封圈，达到密封。连接法兰的螺栓拧紧后，突出螺母的长度不应大于螺杆直径的1/2。

（4）当管道沿墙或墙角敷设时，应保证管道及附件的安装及检修距离，管道与墙体面层净距一般为40～60mm。

020102 RC型柔性接口铸铁排水管连接及安装

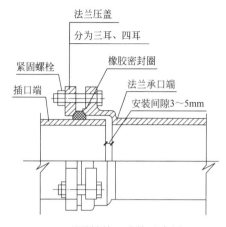

RC型柔性接口连接示意图

RC型柔性接口安装图

◆ 工艺说明

(1) RC型柔性接口铸铁管适用于抗震设防烈度为6度以上地区，建筑物内管道系统需适应较大径向和轴向位移及高层和超高层建筑内（建议排水立管直线管段长度不宜超过100m）。

(2) 连接时，将法兰压盖套入插口端，再按一定方向套入橡胶密封圈。

(3) 插口端插入法兰承口，插入长度比承口深度小3~5mm为宜，因此插入时，可先画好安装线进行控制。

(4) 连接好后，用支吊架对管道初步固定，将法兰压盖与法兰承口用螺栓紧固，螺栓应沿一定方向逐个数次拧紧，挤压设在两端口间的橡胶密封圈，达到密封。

注：RC型接口与A型接口安装方法一致，区别在于法兰承口、法兰压盖和橡胶密封圈的外形尺寸不同，RC型密封圈挤压成型后为双45°，A型为单45°。

020103 W型柔性接口铸铁排水管连接及安装

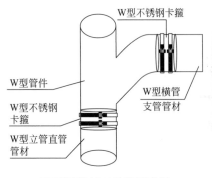

W型不锈钢卡箍

W型管件

W型横管
支管管材

W型不锈钢
卡箍

W型立管直管
管材

W 型柔性接口连接示意图

W 型柔性接口安装图

工艺说明

（1）铸铁管材应采用机械方法切割，不得采用火焰切割；切割时，其切口端面应与管轴线相垂直，并将切口处打磨光滑。

（2）安装前需去除管道及管件内、外壁污垢及杂物。

（3）将卡箍套入接口下端的管道或管件，再在该端口套上橡胶密封套，要求密封套内挡圈与管口结合严密。

（4）将橡胶密封套上半部向下翻转，把需连接的管道或管件插入已翻转的密封套内，调整好位置后，将已翻转的密封套复位。

（5）将卡箍套在橡胶密封套外，交替缩紧卡箍螺栓，确保卡箍外钢带在旋转紧固螺栓时，使两端接口铆合牢固，无松动现象。调整并紧固支（吊）架螺栓，将管道固定。

（6）建筑排水柔性接口铸铁管与塑料管或钢管连接，当两者外径相同时，可直接连接；当外径不同时，可按相应管径采用插入式或套筒式连接，或采用厂家的配套产品。

020104-1 U-PVC 排水管管道连接及安装

PVC 排水管安装

工艺说明

（1）U-PVC 管道粘接连接时，清理干净承口、插口端工作面，不得有土或其他杂物。

（2）U-PVC 排水管采用胶粘连接，应将挤出的胶粘剂用棉纱或干布蘸少许酒精等清洁剂擦洗干净，根据胶粘剂的性能和气候条件静至接口固化。

（3）采用金属支架时，须在与管外径接触处垫好橡胶垫片。

020104-2 U-PVC 排水管附件安装及试验

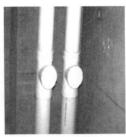

PVC 排水管附件安装

工艺说明

（1）排水塑料管必须按设计要求及位置装设伸缩节。如设计无要求时，伸缩节间距不得大于 4m。

（2）排水检查口应排列整齐，如有乙字弯管时，则在该层乙字弯管的上部设置检查口。排水检查口标高 1.0m，允许偏差±20mm，检查口方向正确，便于检修。暗装立管，在检查口处应安装检修门。

（3）高层建筑中明设排水塑料管道应按照设计要求设置阻火圈或防火套管。高层建筑内的塑料排水管道当管径大于或等于 110mm 时，在下列部位应设置阻火圈明敷立管穿越楼层的贯穿部位；横管穿越防火分区或防火隔墙两侧；横管穿越管道井井壁或管窿围护墙体的贯穿部位外侧。

（4）隐蔽或埋地的排水管道在隐蔽前必须做灌水试验，其灌水高度应不低于底层卫生器具的上边缘或底层地面高度。

（5）排水主立管及水平干管管道均应做通球试验，通球球径不小于排水管道管径的 2/3，通球率必须达到 100%。

（6）金属排水管道上的吊架或卡箍应固定在承重结构上。固定件间距：横管不大于 2m；立管不大于 3m。楼层高度小于或等于 4m，立管可安装 1 个固定件。立管底部的弯管处应设支墩或采取固定措施。

020105 伸顶式通气管安装

通气管（非金属管道有防雷措施）

专用通气管（铁管有防雷措施）

工艺说明

（1）通气管由屋顶通气管底座、通气立管和通气帽组成。

（2）排水透气管不得与风道或烟道连接，透气管高出屋面不小于300mm，且须大于最大积雪厚度。

（3）通气管出口4m以内有门、窗时，通气管应高出门、窗顶600mm或引向无门、窗处。

（4）上人屋面的通气管高出屋面2m，超出防雷范围的金属及非金属通气管应设防雷接地装置，且应与屋面防雷接闪器或接闪带可靠连接。

（5）屋面透气管避免接头，底部支墩做法与屋面整体协调一致。

020106 地漏安装

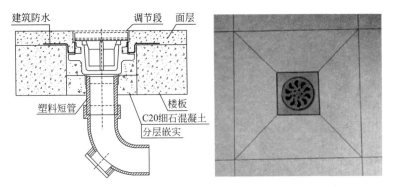

有水封地漏构造图及安装后效果图

工艺说明

（1）严禁采用钟罩式地漏，严禁采用活动机械密封替代水封。

（2）地漏应设置在易溅水的器具附近，不易被人踩踏到的地面的最低处，地漏顶面标高应低于地面5~10mm。地面应坡向正确。

（3）安装前：与地漏相连的排水管线应安装完毕，并已进行通水、通球试验；符合地面预留孔洞尺寸，如不满足地漏安装条件，应及时调整孔洞。

（4）地漏的安装应平正、牢固，低于排水表面，周边无渗漏，地漏水封高度不得小于50mm。长期不用的清扫地漏盖应采用密闭旋转瓶盖式盖，避免因水蒸发而反味。

（5）地漏安装完毕，应配合土建、装饰单位在地漏下方支撑模板或模具，将地漏周边孔洞用混凝土砂浆捣实严密，防止渗漏现象发生。

（6）在管井及相应公共区域或因空间限制无法满足地漏水封高度的建议采用直通地漏加存水弯的形式，以满足地漏水封要求。

020107 存水弯设置

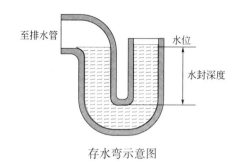

存水弯示意图

存水弯安装图

存水弯与排水管连接密封严密

工艺说明

（1）存水弯与相连接排水管相连时需要提前套入装饰圈，存水弯应与相连排水管道连接密封严密。

（2）当构造内无存水弯的卫生器具与生活污水管道或其他可能产生有害气体的排水管道连接时，必须在排水口以下设存水弯。存水弯的水封深度不得小于50mm。

（3）存水弯安装应根据排水设施选型确定，严禁重复设置存水弯，存水弯设置应满足使用功能要求并保证一定的美观度。

（4）存水弯要自带检查口，便于清掏检查。

020108 排水检查口设置

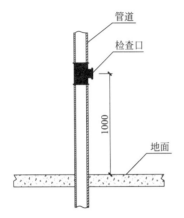

检查口安装示意图

检查口安装图

工艺说明

（1）在生活污水管道上应安装检查口，应符合设计和规范要求；当设计无要求时，在立管上应每隔一层设置一个检查口，但在最底层和有卫生器具的最高层必须设置。

（2）如为两层建筑时，可仅在底层设置立管检查口；如有乙字弯时，则在该层乙字弯管的上部设置检查口。检查口中心高度距操作地面一般为1m，允许偏差±20mm；检查口的朝向应便于检修。

（3）暗装立管，在检查口处应安装检修门。

（4）地下室立管上设置检查口时，检查口应设置在立管底部之上，立管上检查口检查盖应面向便于检查清扫的方位；横干管上的检查口应垂直向上。

020109 排水管道清扫口的安装

铸铁管清扫口安装

PVC 管清扫口安装

工艺说明

（1）在污水管道安装清扫口时，连接 2 个及 2 个以上大便器或 3 个及 3 个以上卫生器具的污水横管上应设置清扫口。

（2）当污水管在楼板下悬吊敷设时，可将清扫口设在上一层楼地面上，污水管起点的清扫口与管道相垂直的墙面距离不得小于 200mm；若污水管起点设置堵头代替清扫口时，与墙面距离不得小于 400mm；在转角小于 135°的污水横管上，应设置检查口或清扫口。

（3）清扫口或检查口应设置在方便检修的位置，如设置在封闭吊顶内，需在检查口吊顶部位预留不小于 400mm×400mm 的检修口。

020110 U-PVC 排水管道伸缩节的安装

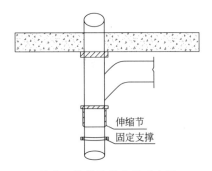

排水立管伸缩节安装示意图

排水立管伸缩节实体安装图

工艺说明

（1）排水塑料管必须按设计要求及位置装设伸缩节，如设计无要求，层高小于等于4m、穿越楼层为固定支撑时每层均应设置；层高大于4m其数量应根据管道的设计计算伸缩量和伸缩节允许伸缩量计算确定。

（2）为了使立管连接支管处位移最小，伸缩节应尽量设在靠近水流汇合管件处。为了控制管道的膨胀方向，两个伸缩节之间必须设置一个固定支架。

（3）当无横管接入时，宜每地1.0～1.2m设伸缩节，伸缩节设置时承口必须是迎水流方向。

020111 排水塑料管道阻火圈的安装

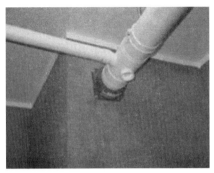

阻火圈安装

工艺说明

(1) 敷设在高层建筑室内的塑料排水管道当管径大于等于110mm时，应在下列位置设置阻火圈：

① 明敷立管穿越楼层的贯穿部位。

② 横管穿越防火分区的隔墙和防火墙的两侧。

③ 横管穿越管道井井壁或管窿围护墙体的贯穿部位外侧。

(2) 阻火圈的安装应符合产品要求，安装位置应在顶板下方排水管顶部或墙体两侧，安装时应紧贴楼板底面或墙面，并应采用专用膨胀螺钉固定好。

020112 潜污泵（耦合泵）安装

潜污泵（耦合泵）安装

工艺说明

（1）安装顺序：浇筑混凝土基础、导杆及泵座安装、泵体安装、出水管及附件安装。基础通常采用强度等级 C15 或 C20 混凝土浇筑，采用一次浇筑法施工。

（2）导杆及泵座的安装：吊起泵体，缓慢下降至基础上，泵座上的螺栓孔正对基础上预埋的地脚螺栓，泵座用水平尺找平后，拧紧地脚螺栓。导杆的底部与泵座采用螺纹、螺栓连接，顶部与支撑架连接。

（3）泵体的安装：吊起泵体，将耦合装置（耦合装置、潜水泵及电机通常制成整套设备）放置到导杆内，使泵体沿着导杆缓慢下降，直到耦合装置与泵座上的出水弯管相连接，水泵出水管与出水弯管进口中心线重合。向水泵中放入水泵之前必须先清除水池中的垃圾。

（4）出水管及附件的安装：水泵出水管与出水弯管采用法兰连接，出水管上的其他附件包括闸阀、膨胀节及逆止阀等采用法兰连接。出水管上软连接的固定支架应安装在软连接的上部。浮球阀安装前应检测浮球阀的通断性，确保浮球阀能正常使用，浮球阀安装高度应符合要求，浮球阀固定牢固不易脱落，固定浮球阀的材料应柔软耐腐蚀。压力表应安装在合适的位置。安装时应注意压力表的量程。

020113 油脂分离器安装

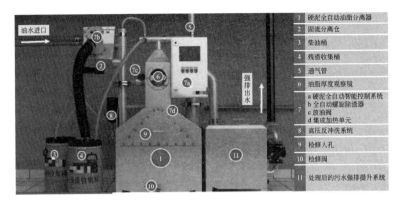

油水进口 →	
强排出水	

1 硬泥全自动油脂分离器
2 固流分离仓
3 柴油桶
4 残渣收集桶
5 通气管
6 油脂厚度观察镜
7 a 硬泥全自动智能控制系统
  b 全自动螺旋除渣器
  c 放油阀
  d 集成加热单元
8 高压反冲洗系统
9 检修人孔
10 检修阀
11 处理后的污水强排提升系统

油脂分离器示意图

油脂分离器安装图

工艺说明

（1）设备安装时距离顶板高度不小于500mm。

（2）设备进水口应设置闸阀，方便设备维护和检修。

（3）设备出水口应按三通连接，防止提升泵故障，设备舱体内水无法排出，水压过大造成设备连接处崩断。

（4）设备必须连接通气管，将设备内部气体排出。

（5）设备房间必须接入给水管，方便对设备和收集桶进行清洗和注水。

（6）设备管道材质与排水管道材质相同。

020114 / 87 型雨水斗安装

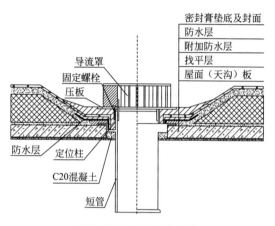

导流罩
固定螺栓
压板

密封膏垫底及封面
防水层
附加防水层
找平层
屋面（天沟）板

防水层　定位柱
C20 混凝土
短管

87 型雨水斗安装示意图

87 型雨水斗安装图

工艺说明

（1）在建筑找平层完成后，开始放置防水压环，防水压环与找平层持平，SBS 卷材铺到接近螺栓位置即可，导流罩暂不安装，雨水口采取临时封堵措施，螺栓采用 PVC 堵帽保护。

（2）雨水斗安装时，将防水卷材弯入短管承口，填满防水密封膏后，即将压板盖上并插入螺栓使压板固定，压板地面应与短管顶面相平、密合。

020115 雨水斗安装

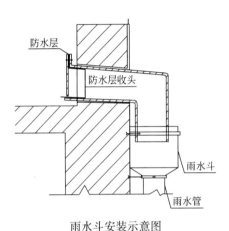

防水层

防水层收头

雨水斗

雨水管

雨水斗安装示意图

雨水斗安装图

工艺说明

（1）雨水斗管的连接应固定在屋面承重结构上。雨水斗边缘与屋面相连处应严密不漏，连接管管径当设计无要求时，不得小于110mm。

（2）室外雨水斗必须用专用螺栓固定好，深入雨水斗的排水管不能插到雨水斗底，要留有一定的间隙，雨水管下方插入的排水管必须架固定卡。

020116 虹吸雨水斗安装

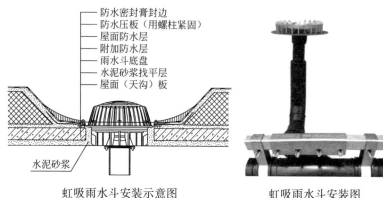

防水密封膏封边
防水压板（用螺柱紧固）
屋面防水层
附加防水层
雨水斗底盘
水泥砂浆找平层
屋面（天沟）板

水泥砂浆

虹吸雨水斗安装示意图　　　　　　　虹吸雨水斗安装图

工艺说明

（1）虹吸雨水斗最大斗前水深应通过计算排水量和排水管径进行控制。

（2）雨水斗安装时，将附加防水层、屋面防水层铺贴在雨水斗本体四周，用防水压板压紧并用螺栓固定，再用防水密封膏做封边处理。

（3）采用非预埋安装时，雨水斗安装完后，斗体四周应用水泥砂浆或其他材料密实填充，并做屋面顶板找平。

（4）雨水斗安装时应在屋面防水施工完成、确认雨水管道畅通、清除进入短管内的密封膏和其他杂物后，再安装整流器、整流罩等部件。

（5）雨水斗安装后，其边缘与屋面相连处应密封，确保不渗不漏。

020117 外墙雨水管道安装

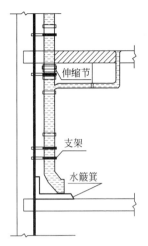

外墙雨水管安装示意图

外墙雨水管安装图

工艺说明

　　（1）采用 U-PVC 雨水管道时应按设计要求安装伸缩节，如设计无要求时，伸缩节间距不得大于 4m。

　　（2）雨水口下方 200mm 处必须安装型钢固定支架，避免雨量较大导致雨水口受力太大而损坏。

　　（3）雨水管道最下部需要设置安装两个管卡固定。

　　（4）雨水管道固定支架应安装牢固，雨水管道安装时的固定支架应考虑墙体保温层厚度。

　　（5）安装在室内的雨水管道应做灌水试验，灌水高度必须达到每根立管上部的雨水斗。

　　（6）悬吊式雨水管的敷设坡度不得小于 5‰。

　　（7）雨水管道不得与生活污水管道相连接。

020118 排水埋地管道防腐

管道防腐操作图

工艺说明

（1）暗敷设排水管道应在管道试验合格后进行防腐。

（2）埋地排水管道采用热浸镀锌钢管、焊接钢管宜用加强防腐层，刷冷底子油一道，热沥青两道，并有加强包扎层及外保护层。

（3）埋地排水铸铁管，先除锈后，刷樟丹防锈漆两道，再刷环氧沥青漆两道。

020119 排水管闭水、通球试验

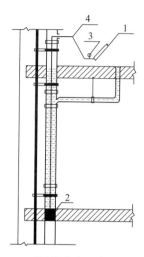

下层楼灌水示意图

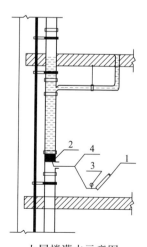

上层楼灌水示意图

1—气筒；2—气囊；3—压力表；4—胶管

灌水操作图

工艺说明

（1）排水管闭水前已经按施工规范安装完毕，支吊架安装到位，预检已经完成，具备闭水试验条件。

（2）闭水试验应分层分段进行，采用球胆封闭检查口，满水至上层地漏口高度，满水后检查全部满水管段管件、接口无渗漏为合格。

（3）隐蔽或埋地的排水管道在隐蔽前必须做灌水试验，其灌水高度应不低于底层卫生器具的上边缘或底层地面高度。检验方法：满水15min水面下降后，再灌满观察5min，液面不降，管道及接口无渗漏为合格。

（4）通球试验：排水主立管及水平干管管道均应做通球试验，通球球径不小于管径的2/3，通球率必须达到100%。立管通球试验应由屋顶透气口处投入试验球，在首层检查口取出试验球为合格；干管通球试验在底层立管检查口处投入试验球，同时进行冲水，在第一个室外检查井取出试验球为合格。

020120 潜污泵单机试运转

耦合式潜污泵

潜污泵安装

工艺说明

（1）试运转前设备应完成全部安装工作，设备本身已具备试运转条件。包括设备本身应保持清洁，加入足够的润滑油和其他外部条件，厂内污水管网系统功能正常。

（2）试运转时集水坑少量放水，启泵，调节水泵正反转，并确定泵能够正常运转。

（3）将污水泵控制箱调至自动状态，用工具挑起浮球，确保浮球能正确起到控制水泵启停作用。

（4）将污水泵控制箱调至手动状态，用手按动污水泵控制箱的相应开关，确保能够手动控制污水泵。

（5）并联污水泵需要将污水泵调整至高水位状态，观察并联水泵是否同时启动。

第三章　室内热水系统

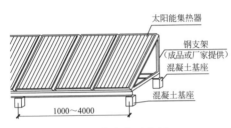

太阳能集热器

钢支架
（成品或厂家提供）

混凝土基座

混凝土基座

1000～4000

太阳能安装示意图

太阳能安装现场图

工艺说明

（1）将集热器固定在预埋或预留在屋面的主体结构上，各立柱支腿基础标高应在同一水平标高上。

（2）集热器之间的连接可采用橡胶柔性接头、退火的紫铜管或波纹管。

（3）集热器连接完毕，应进行检漏试验。

（4）集热器之间连接管的保温应在检漏合格后进行。

（5）所有钢结构支架，如角钢、方管、槽钢等，在不影响其承载力的情况下，应选择利于排水的方式。

（6）集热器的连接尽可能采用并联，平板集热器每排并联数目不宜超过16个。

（7）太阳能集热器安装方位角宜朝正南放置；安装倾角宜与当地纬度相等。

（8）屋面太阳能应按要求设置防雷接地装置。

030102 燃气热水器安装

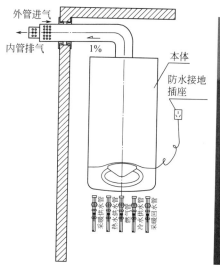

燃气热水器安装示意图　　　　　燃气热水器安装现场图

工艺说明

（1）热水器边线应与墙砖砖缝平行，居中安装。

（2）燃气热水器与室内冷热水管网可采用不锈钢波纹管连接，长度一般为 200～300mm。

（3）燃气管道采用专用不锈钢防爆燃气管明配。

（4）热水器安装固定时，注意避开预埋水管及电管。

（5）热水器排气需排到室外，排气管应有 1％坡度坡向室外，烟气排气管出墙尺寸不小于 600mm。排气管安装时注意避开其他设备。

030103 容积式热水器安装

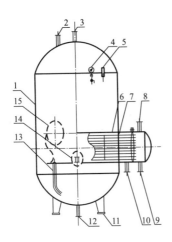

容积式热水器安装示意图　　　　容积式热水器安装现场图

1—罐体；2—安全阀接管口；3—热水出水管管口；

4—压力表；5—温度计；6—内置换热器；7—U形

换热管；8—热媒入口管口；9—热媒出水管管口；

10—冷水进水管管口；11—支座；12—排污泄水管管口；

13—热水下降管；14—温包管管口；15—人孔

工艺说明

（1）安装前进行基础底座验收，包括基础标高平面位置及形状、地脚螺栓位置等。

（2）对支座进行固定，通过地脚螺栓进行设备加固，在加固时应在设备支座下方垫减振垫。

（3）压力表、温度计安装时应考虑表盘方向，便于观测，阀门安装方向、高度应合理，易于操作。

（4）换热器的一次、二次进回水口应连接正确。

（5）安全阀安装前须按照设计要求整定值到检测部门进行测试、定压，安全阀必须垂直安装，其排出口应设排泄管，将排泄的热水引至安全地点。

030104 自动排气阀安装

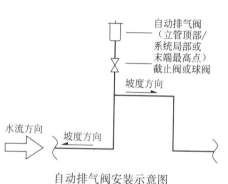

自动排气阀
（立管顶部/
系统局部或
末端最高点）
截止阀或球阀

坡度方向

水流方向

坡度方向

自动排气阀安装示意图

自动排气阀安装现场图

工艺说明

（1）为防止热水系统窝气，自动排气阀一般安装在系统最高点或局部最高点。

（2）自动排气阀材质宜为铜或不锈钢。

（3）安装自动排气阀前，应保证管道系统冲洗干净、管道内无杂物。

（4）自动排气阀前的检修阀门宜选用闸阀或球阀，阀门应启闭灵活，并能保证多次使用无渗漏。

（5）安装自动排气阀前，检查浮体和排气孔是否能正常工作，必要时做排气、阻水试验。

（6）防尘帽的排气孔需旋松至排气芯的外侧。

030201 管道保温（橡塑管壳保温）

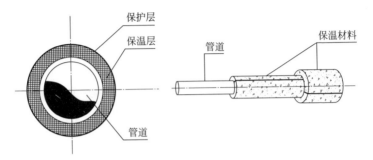

橡塑管壳保温安装示意图

橡塑管壳保温安装现场图

工艺说明

（1）保温前，管道表面应干净整洁、无杂物。

（2）取长度合适的保温材料，将保温材料顺直切开。

（3）在保温材料剖切面上均匀涂上胶水。

（4）先粘接开口管材的两端，再粘接中间。

（5）当采用双层保温包裹管道时，内外保温层的粘接缝应错开。

（6）无保护层时，保温材料接缝宜处在管道上半部分，各保温分段接缝应错开。

（7）当管道管卡有绝热垫木时，保温层断面应与垫木两侧粘接密实、平整。

（8）防潮层应顺水，且搭接缝应顺水。

030202 弯头保温

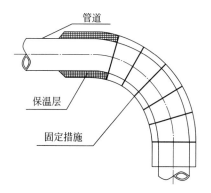

弯头保温安装示意图

图中标注：管道、保温层、固定措施

弯头保温安装现场图

工艺说明

（1）保温前，弯头表面应干净整洁、无杂物。

（2）按弯头角度和长度，将保温材料按 $15°\sim30°$ 等分裁剪成合适的几份。

（3）管材切面均匀涂抹胶水。

（4）弯头保温层和保护层均应按管径大小分节施工，接缝应严密，不留缝隙，保温材料接缝宜处在内圆弧一侧。

030203 三通管道保温（橡塑保温管壳）

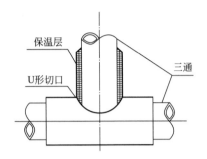

三通管道保温安装示意图

三通管道保温安装现场图

工艺说明

（1）在主管保温管壳上开圆孔，圆孔直径与支管外径相同。

（2）沿圆孔中心线垂直于保温管长度方向切开。

（3）将预制好的保温材料安装在三通管道上，两侧圆孔边缘与支管外壁对紧。支管下方主管接缝处不留空隙。

（4）用胶水将切面粘接牢固。

（5）选取与支管外径适合的保温管段，在一端切割U形面，U形边最大半径与支管半径相同，并进行修剪。

（6）将支管保温管壳切开，涂抹胶水，与三通主管保温层紧密粘接。

030204 阀门保温

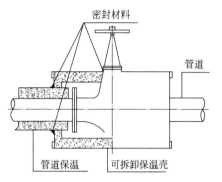

密封材料

管道

管道保温　可拆卸保温壳

阀门保温安装示意图

阀门保温安装现场图

工艺说明

（1）利用保温材料填充阀体，长度与阀体法兰内侧间距相同，填充至法兰高度，注意填充应平整、不留空隙。

（2）裁剪条形保温材料，宽度为法兰外侧与保温管道外壁之间的高度，长度为法兰外径周长，包裹两侧法兰。

（3）测量法兰保温材料外侧的间距及阀盖外侧尺寸，裁剪合适的板材将阀体包裹。为便于检修，阀体上不要刷胶。

（4）裁剪尺寸合适的保温材料包裹阀盖。为便于检修，阀盖不要刷胶，应将阀体和阀盖的保温材料粘接牢固。

030301 水泵单机试运转

工艺说明

（1）设备安装完毕后投入使用前，应进行单机试运转，启动前的检查应符合下列规定：

① 泵与电动机的旋转方向一致。

② 泵与电动机同心度良好，紧固螺栓安装完好各固定连接部位无松动。

③ 水泵密封良好，各润滑部位加注润滑剂的规格数量应符合设备技术文件的规定，有预润滑要求的部位应进行预润滑。

④ 各指示仪表、安全保护装置及电控装置均应灵敏、准确、可靠。

⑤ 手动盘车灵活、无叶轮摩擦等异常现象。

（2）水泵试运转应符合下列规定：

① 紧固螺栓、各固定连接部位不应有松动，转子及各转动部件运转正常，不应有异常声响和摩擦现象。

② 管道连接应牢固无渗漏，止回阀启闭灵活、可靠，排出压力、吸入压力、流量、电流等工况应正常。

③ 各润滑点的温度应符合技术文件规定，润滑应无渗漏和喷油现象；滑动轴承的温度不应大于70℃，滚动轴承的温度不应大于80℃。

④ 运行中流量应用排出管路阀门调节，不应使用吸入管路阀门调节。

⑤ 水泵连续试运行时间不应小于2h。

（3）水泵停止试运转后还应进行以下工作：

① 先关闭排出管道上的阀门，然后切断电源，再关闭其他的阀门。

② 放净泵内积存的液体，防止泵体冻裂或锈蚀。

（4）单机试运转合格后，填写单机试运转记录。

030302 室内热水系统调试（太阳能热水系统）

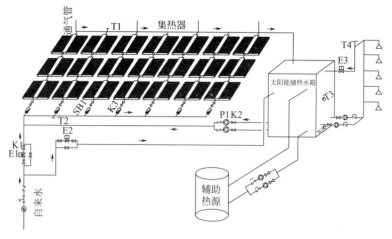

热水系统原理图

工艺说明

（1）调试前应检查管道安装质量和阀门开启状态，太阳能集热板安装位置和角度应符合设计要求。

（2）选择合适的天气，对太阳能集热系统注水，按照设计要求和厂家技术文件对太阳能集热系统进行调试，通过调节集热系统循环泵的流量和扬程，使一次侧供水达到设计温度。

（3）将平衡水箱和供热系统注满水，打开最远端热水用水点，通过调节二次侧水泵的流量和扬程，调节用水点的流量和压力，检查各用水点温度是否符合设计要求。

（4）将电辅加热控制面板设定在设计温度，满足热水用水高峰和阴雨天气的水温需求。

第四章　卫生器具

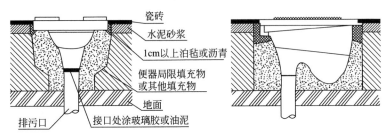

瓷砖
水泥砂浆
1cm以上泊毡或沥青
便器局限填充物
或其他填充物
地面
排污口
接口处涂玻璃胶或油泥

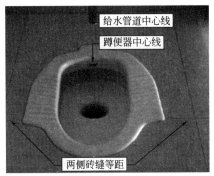

给水管道中心线
蹲便器中心线
两侧砖缝等距

蹲便器构造图及安装后效果图

工艺说明

（1）安装蹲便器时，应先测量产品尺寸，并按尺寸预留安装位。安装位内采用混合砂浆填心，严禁用水泥安装。

（2）在蹲便器的安装面涂抹一层沥青或黄油，使蹲便器与水砂浆隔离而保护产品不被胀裂。

（3）蹲便器自带存水弯时，下水管道不应再设置存水弯。

（4）为了外观美观，蹲便器应与地板砖砖缝平行。

040102 **坐便器（连体）安装**

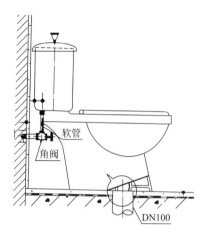 

坐便器构造剖面图及安装后效果图

软管

角阀

DN100

工艺说明

（1）将坐便器倒置，把密封圈牢固安装在坐便器排水口上。

（2）将坐便器对准法兰盘，使螺栓穿过坐便器地基安装孔，慢慢下压坐便器，直至水平，再拧紧螺母，套上装饰帽。

（3）将水箱进水管和进水角阀连接，慢慢打开进水角阀，检查连接管与水箱配件各连接点的密封性。

（4）在坐便器和地面连接处，打胶密封。

040103 挂壁式坐便器安装

坐便器结构效果图

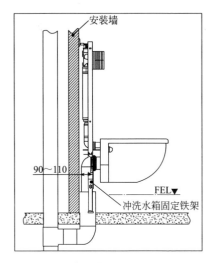

坐便器构造剖面图

工艺说明

（1）按坐便水箱框架固定孔位安装膨胀螺栓及水箱框架，注意水箱框架的水平与垂直，固定螺栓生根牢固，确保安全。

（2）水箱框架配件及保护装置安装完毕后方可进行装饰墙体砌筑。

（3）坐便器安装应水平、稳固，然后在坐便器与墙体的缝隙用玻璃胶密封。

040104 立柱式洗脸盆安装

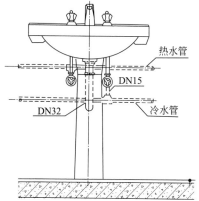

热水管

DN15

DN32

冷水管

柱盆构造剖面图及安装后效果图

工艺说明

（1）首先在墙上标出安装高度。

（2）将洗脸盆和立柱放到安装位置，用水平尺矫正后，用笔在墙上及地上标记。

（3）移去洗脸盆和立柱，测量并标记挂钩安装位置。

（4）安装挂钩、立柱固定件。

（5）安装洗脸盆龙头和排水组件，将洗脸盆安装在挂钩上。

（6）连接进水管和排水管件，要求排水管件需与建筑排水管可有效连接。

（7）安装立柱。

（8）安装完各组件后，在洗脸盆上口与墙面、立柱脚与地面的接触面之间打胶密封。

040105 半挂盆安装

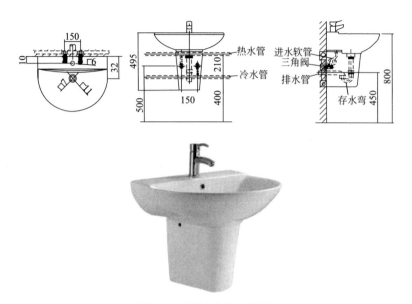

半挂盆剖面图及安装后效果图

工艺说明

（1）首先在墙上标出安装高度，用水平测量仪标出水平高度再标出水平直线和中间垂线确定安装位置。

（2）洗面盆放在标出的安装位置，标出钻孔位置并打孔，打孔深度与膨胀螺栓长度相同。

（3）安装膨胀螺栓，注意螺栓露出墙面长度。

（4）将挂盆定在螺栓上，用水平仪调平洗面盆后套上垫片并拧紧螺母，注意不要过紧，防止洗面盆受压破裂。

（5）安装洗脸盆龙头和进、排水组件，连接要牢固。

（6）将半挂柱配件安装于膨胀螺栓上，紧固螺母，将配件弯钩穿过半挂柱预留孔位后锁紧。

（7）在洗面盆与墙体的缝隙打上玻璃密封胶。

040106 台下洗脸盆安装

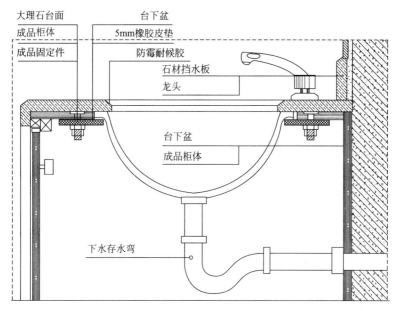

大理石台面　　　　台下盆
成品柜体　　　　　5mm橡胶皮垫
成品固定件　　　　防霉耐候胶
　　　　　　　　　石材挡水板
　　　　　　　　　龙头
　　　　　　　　　台下盆
　　　　　　　　　成品柜体
下水存水弯

台下洗脸盆剖面图

台下盆安装后效果图

工艺说明

（1）核对台盆与台面孔尺寸，满足要求后进行安装。

（2）根据台盆的尺寸和在台面安装位置确定并牢固安装支撑架。

（3）检查校验后，把台盆放平，再把台盆小心放到台面下，对准安装孔后用夹具夹紧。

（4）安装完成后，在台盆与台面空隙处涂抹防霉耐候胶，确保产品端正、平稳且无缝隙。

（5）龙头与盆体间应用橡胶或塑料垫片，防止硬性接触而损坏盆体。

（6）安装落水及排水附件，且应有存水弯。

040107 感应水龙头安装

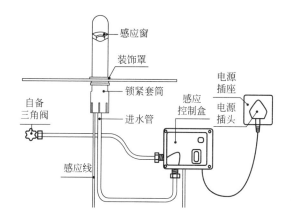

感应龙头示意图及安装后效果图

工艺说明

（1）安装时应保持感应窗口朝下，并且与洗手台盆的距离应不小于25cm，以免影响水龙头感应的敏感性。

（2）安装感应水龙头前，先将要安装的龙头位置进水口水源关闭。

（3）龙头进水口螺纹用生料带或止泄胶进行缠绕，然后将水龙头旋入墙壁或台面上的预留进水孔上。

（4）感应控制盒安装牢固，等电位导线连接到位。

040108 单把单孔龙头安装

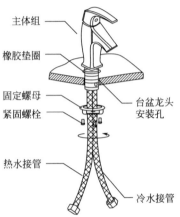

主体组

橡胶垫圈

固定螺母
紧固螺栓

台盆龙头
安装孔

热水接管

冷水接管

单把龙头示意图及安装后效果图

工艺说明

（1）安装前必须将水管道内的杂物、泥砂冲洗干净。

（2）将龙头上的固定螺母取下，把龙头装入台盆的龙头安装孔内，装上固定螺母，旋紧，并将龙头固定，然后用螺丝刀拧紧紧固螺栓。

（3）水龙头进水管口与角阀之间用软管连接，安装完后保持所有软管弯曲弧度基本一致，保持外观美观。

040109 角阀安装

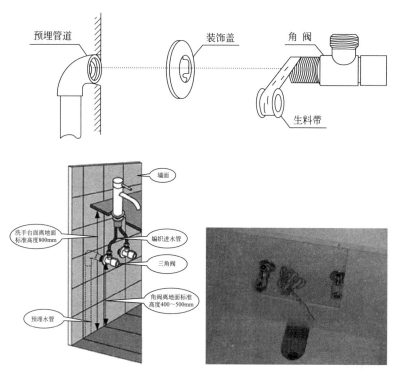

角阀示意图及安装后效果图

工艺说明

（1）安装前检查阀门开启灵活，清理管道接口处无砂子与杂物。

（2）安装时应在阀体上包裹布或纸巾等缓冲物，再用扳手紧固，避免擦伤阀体，影响美观。

（3）未通水水管安装角阀，应关闭角阀。

（4）并排安装的角阀应安装齐整，注意阀门安装间距，不影响检修。

040110 浴盆安装

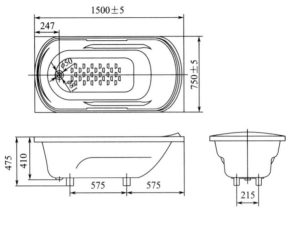

浴盆示意图及安装后效果图

工艺说明

（1）浴盆安装前先安好下水配件，做闭水试验。

（2）安装时要注意浴缸的中心点与混水的中心点对齐。

（3）安放浴盆时下水口的一端要略低，以便排污通畅。

（4）浴缸排水与排水管件应牢固紧密，便于拆卸。

040111 淋浴水龙头安装

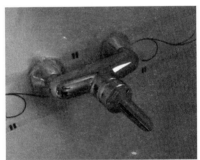

淋浴水龙头产品配件图及安装后效果图

工艺说明

（1）安装时S形连接管小口端用生料带缠绕，与墙壁给水管连接。

（2）淋浴龙头安装过程中仔细调整S连接头的角度，使得冷热水管的内丝螺母能轻松地拧在S连接头上。

（3）S连接头外的装饰盖板用透明密封胶封住，保持与墙体的整体性。

040112 淋浴器安装

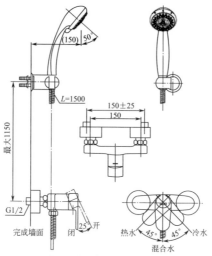

淋浴器示意图及安装后效果图

工艺说明

（1）花洒主体和淋浴杆应垂直安装。

（2）淋浴花洒安装固定时，注意避开墙内预埋管线。

（3）淋浴花洒安装时包裹布或纸巾等缓冲物，再用扳手紧固，避免弄脏及刮伤龙头。

（4）花洒安装位置选择要注意隐私性。

040113 小便斗安装

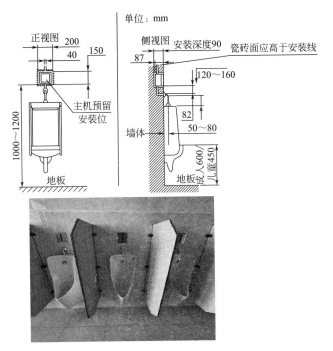

小便斗示意图及安装后效果图

工艺说明

（1）小便斗安装高度成人宜为 600mm，儿童宜为 450mm。

（2）为保持美观，同一卫生间内，小便斗安装平齐，间隔相等。

（3）确认尺寸后，先把密封圈套紧下水管，防止漏水。

（4）安装后部配件后，悬挂小便斗，小便斗要求表面水平、立面垂直。

（5）小便斗与墙、地等连接的缝隙采用玻璃胶密封。

040114 侧壁双向排水地漏安装

侧壁双向地漏产品图示及安装后效果图

工艺说明

（1）确定地漏位置：根据需要排水的区域，确定地漏的合适位置。一般来说，地漏应该位于地面最低处。

（2）安装地漏：在浇筑混凝土墙壁前按适当高度及角度稳固安装地漏主体，并作适当保护措施，地漏主体位置要略低于建筑完成面，略高于结构混凝土地面。拆模板后按照墙壁瓷砖面厚度数值安装双向地漏连接件，用胶水接至地漏主体，为保证美观，地漏对角线应与墙壁瓷砖接缝重合，并根据地面瓷砖高度数值切割地漏加高件，固定至地漏连接件。

（3）防水措施：在地漏主体底部及侧墙处做好防水层，并配合精装做好墙壁及地台面水泥砂浆和瓷砖。

（4）地漏清洁：对地漏连接件处进行清理并安装地漏格栅。

（5）水泥铺设：使用水泥将地漏槽填充，并确保水泥平整平滑。这将确保地漏的稳定性和水密性。

（6）安装排水管道：在地漏槽中安装排水管道，确保管道与地漏之间有适当的连接。

（7）检查排水效果：完成工程后，进行排水测试，确保地漏能够有效排除积水，并且没有漏水问题。

040115 烘手器安装

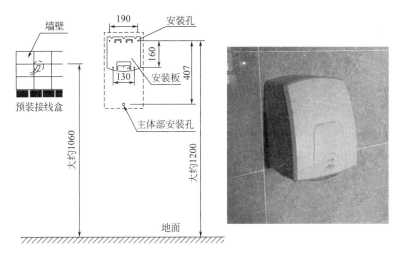

墙壁

预装接线盒

大约1060

190

安装孔

160

130

407

安装板

主体部安装孔

大约1200

地面

烘手器示意图及安装后效果图

工艺说明

（1）烘手器安装前擦拭墙壁、吸附件，去除油污、灰尘等杂物。

（2）烘手器安装完成后应与旁边墙壁及易燃物保持100cm以上距离。

（3）安装时应表面水平、立面垂直，安装高度宜为1.2m左右。

040116 拖布池安装

拖布池安装后效果图

工艺说明

（1）安装前应检查地面平整度，如地面不平，在安装前要将地面填平。

（2）拖布池应与下水口对口均匀，用透明密封胶封住拖布池底边口保持与地面的整体性。

（3）拖布池与墙间隙均匀，保证摆放端正、平稳。

（4）拖布池宜选用长径龙头配套使用，长径龙头安装高度宜为1m。

040117 抽纸盒安装

抽纸盒安装效果图

工艺说明

（1）抽纸盒安装高度，坐便器宜为750mm，蹲便器宜为500mm，根据洁具样式确定。

（2）安装前，仔细擦去安装处及吸盘上的污渍、水分等并保持干净。

（3）安装过程中注意保持抽纸盒表面水平、立面垂直。

（4）安装完毕后注意成品保护。

040118 卫生间无障碍设施

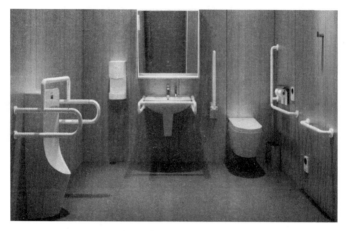

卫生间无障碍设施安装效果图

工艺说明

（1）无障碍小便器下口距地面高度不应大于 400mm，小便器两侧应在离墙面 250mm 处，设高度为 1.20m 的垂直安全抓杆，并在离墙面 550mm 处，设高度为 900mm 水平安全抓杆，与垂直安全抓杆连接。

（2）无障碍洗手盆的水嘴中心距侧墙大于 550mm，其底部应留出宽 750mm、高 650mm、深 450mm 供乘轮椅者膝部和足尖部的移动空间，并在洗手盆上方安装镜子，出水龙头宜采用杠杆式水龙头或感应式自动出水方式。

（3）安全抓杆应安装牢固，直径应为 30～40mm，内侧距墙不应小于 40mm。

（4）取纸器应设在坐便器的侧前方，高度为 400～500mm。

040119 卫生间母婴设施

卫生间婴儿护理台安装后效果图

卫生间婴儿护理椅安装后效果图

工艺说明

（1）婴儿护理台、婴儿护理椅安装高度宜为900mm。

（2）按设备安装孔在墙壁上标记打孔点。

（3）安装产品配套膨胀螺栓后，悬挂婴儿护理台（婴儿护理椅），检查设备水平、垂直无误后紧固螺栓。

（4）安装设备上螺栓孔装饰盖。

第五章　室内供暖系统

050101 固定支架安装

固定支架安装效果图

工艺说明

（1）螺栓孔或预埋板预留位置准确无误，焊接组合槽钢时，其断续焊缝在支座（角钢）处应铲平。

（2）水平管的固定支架应在补偿器预拉伸之前固定，固定支架与管道接触应紧密牢固，支撑点应避免过大的变形，使荷载分布均匀；固定支架管道上的牛角抱耳与支架接触处应有防腐硬质木块，为避免木块掉落，可采用焊接铁皮盒固定的方式。

（3）支吊架整体安装完毕后，应进行涂漆，涂漆前应清除表面污物，涂层的底漆与面漆应配套使用。

050102 滑动支架安装

滑动支架安装效果图

工艺说明

（1）滑动支架应灵敏，滑托与滑槽两侧应留3～5mm间隙，纵向移动量符合设计伸缩量要求，无热伸长量管道的吊架、吊杆应垂直安装，有热伸长量管道的吊架、吊杆应向热膨胀的反方向偏移。

（2）当支座放于支墩或钢结构支架上，支座的滑动底板与根部之间需用垫铁调整高度时，应将滑动底板垫紧找平，垫铁与根部及垫铁与滑动底板之间均应焊牢，管道上的抱箍既能在支架上滑动又能防止管道轴向失稳上拱。

（3）滑动板（聚四氟乙烯板）待焊接完成后才垫入。

050103 导向支架安装

导向支架安装效果图

工艺说明

（1）导向支架以滑动支架为基础，在滑动支架两侧的支架横梁上，每侧各焊置一块导向板，导向板高 30mm，长度与支座的宽度相等。

（2）滑动板（聚四氟乙烯板）待焊接完成后方能垫入，厚度一般为 4mm。

（3）焊接组合槽钢时，其断续焊缝在支座处应错开或铲平。

050104 结构大变形部位管道连接

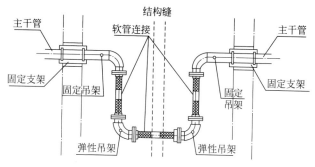

几字形连接示意图

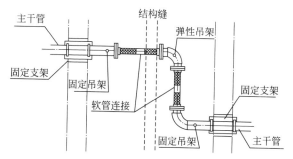

之字形连接示意图

工艺说明

（1）当设计结构变形位移量大于 40mm、不大于 400mm 时，管道依据建筑空间，使用金属软管和补偿器连接。

（2）跨越结构大变形部位，应采用之形和几形两种方式进行抗变形柔性段的连接。

（3）金属软管和补偿器选型应满足管道系统介质、温度和压力要求。

050105 结构大变形部位管道支吊架选配

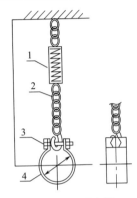

弹性吊架示意图

1—弹簧减振器或弹簧组件；2—柔性连接段；3—抱箍管卡；4—管道抱箍

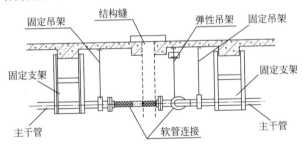

固定支架示意图

工艺说明

（1）抗变形柔性段金属软管之间连接的弯头上应设弹性吊架。弹簧减振器除满足承重的需求，还应有不小于抗振变位量的拉伸余量，防腐处理到位。弹性吊架按照承重选取，应考虑地震时动荷载的影响。

（2）固定支架宜安装在结构大变形部位两侧第一道梁处，或者有可靠支撑物处。抗变形柔性段两侧固定支架如设计无要求，深化设计完成应由设计审核通过非常温水管道宜在固定支架外侧设置内外压平衡性波纹补偿器。

050201 方形补偿器安装

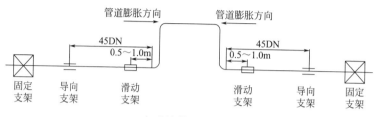

方形补偿器示意图

工艺说明

（1）DN<100 时，补偿器宜采用一根管弯制，其弯管曲率半径 R 符合设计要求；DN≥100 时，弯头宜采用钢制热压弯头或使用无缝热压弯头，弯管处不应有褶皱、凹陷等缺陷。

（2）方形补偿器应水平安装，与管道坡度一致，如其臂长方向垂直安装必须设置排气及泄水装置。

（3）方形补偿器一般布置在两固定支架中间，方形补偿器两侧各设置一个导向支架，导向支架的位置应设置在补偿器伸缩臂弯头弯曲起点45倍公称直径处，方形补偿器两侧的第一个支架为滑动支架，宜设置在距补偿器弯头的弯曲起点0.5～1m处，滑动支架上的管道托架应偏心安装，偏移量为计算伸长量的50%，方向与管道热膨胀方向相反。

（4）固定支架安装完毕后，对弯管补偿器必须进行预拉伸，拉伸量为计算伸长量的50%，偏差不得大于±10mm。

（5）安装整齐，无污染，固定、滑动及导向支架合理布置。

050202 套筒补偿器安装

套筒补偿器

工艺说明

（1）补偿器在安装前进行预拉伸（预压缩），留存补偿器预拉伸（预压缩）记录。预拉伸时，应先将补偿器的填料压盖松开，将内套管拉出预拉伸的长度，再将填料压盖紧住。

（2）套筒补偿器应安装在固定支架旁，并将外套管一端朝向管道的固定支架，内套管一端与产生热膨胀的管道连接，确保套筒补偿器的安装方向与介质流动方向一致。

（3）补偿器安装时，临时约束装置的螺母不得松动；安装管道时应留出补偿器的安装位置，在管道两端各焊一片法兰盘，焊接时要求法兰垂直于管道中心线，法兰与补偿器表面相互平行，加垫后衬垫应受力均匀。

（4）为保证补偿器的正常工作，安装时必须保证管道和补偿器中心线一致，并在补偿器内套管端设置1～2个导向支架。

（5）补偿器所有活动元件不得被外部构件卡死或限制其活动范围，应保证各活动部位的正常动作。

050203 波纹补偿器安装

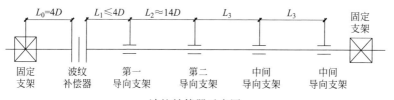

波纹补偿器示意图

L—长度；D—管径

工艺说明

（1）补偿器距第一固定支架距离为 $4D$ 左右，距第一导向支架距离小于等于 $4D$，距第二导向支架的距离 $14D$ 左右。

（2）波纹补偿器每个波节的补偿能力由设计确定，宜为 20mm；在固定的支吊架上，将补偿器的一端用螺栓紧固，另一端可用捣链卡住法兰，然后慢慢按预拉伸长度进行冷拉，冷拉时要使补偿器四周受力均匀，拉出规定长度后用支架把补偿器固定好，将拉好的补偿器与管道连接；补偿器安装时，支吊架不得吊在波节上，试压时不得超压，不允许侧向受力，将其固定牢固。

（3）严禁用波纹补偿器变形的方法来调整管道的安装超差，以免影响补偿器的正常功能、降低使用寿命及增加管系、设备、支承构件的载荷。

（4）安装过程中，不允许焊渣飞溅到波壳表面，不允许波壳受到其他机械损伤。管系安装完毕后，应尽快拆除波纹补偿器上用作安装运输的黄色辅助定位构件及紧固件，并按设计要求将限位装置调到规定位置，使管系在环境条件下有充分的补偿能力。

（5）安装完毕后应将预拉伸固定拉杆的螺母松开，保证其伸缩余量。

050204 大拉杆波纹补偿器安装

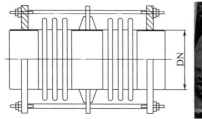

大拉杆波纹补偿器现场安装图

工艺说明

（1）大拉杆波纹补偿器安装过程中，拉杆内外螺栓不得松动。

（2）补偿器与管道焊接时，需调整管道对口间隙及错变量，不得超出规范要求。

（3）补偿器投入正常使用后，务必将内场螺母松动，松动距离为补充值。

050301 散热器安装

散热器安装示意图

工艺说明

　　(1) 铸铁或钢制散热器表面的防腐及面漆应附着良好，色泽均匀，无脱落、起泡、流淌和漏涂缺陷。散热器外表面应刷非金属涂料。

　　(2) 散热器背面与装饰后的墙内表面安装距离应符合设计或产品说明书要求，如设计未注明，应为30mm。

　　(3) 散热器接管应方便拆卸，管道不得倒坡。

　　(4) 明装散热器上表面不应高于窗台面，安装处的内墙饰面已施工完毕。

　　(5) 散热器安装中断时应将接口临时封闭，防止异物进入，散热器交付使用前，已进行覆盖，做好成品保护。

　　(6) 散热器恒温阀安装时，恒温阀感温阀头应水平安装并远离发热体，禁止垂直安装，并应确保恒温阀头不被遮挡。

050401 地暖铺设保温层安装

保温层现场安装图

工艺说明

（1）地面找平完成后，在上方铺设保温板，保温板铺设要平整，切割整齐，板缝处用胶粘贴牢固，相互连接缝要紧密，整板放在四周，切割板放在中间。

（2）铺设时要注意保温板的平整度，高差不允许超过±5mm，缝隙不大于5mm。

050402 地暖反射膜安装

反射膜现场安装图

工艺说明

（1）反射膜铺贴在保温板上，一定要平整，不得有褶皱，并且要遮盖严密，不得有漏保温板或地面现象。

（2）反射膜之间拼缝处需搭接，搭接宽度5cm，可用铝箔胶带处理缝隙。

（3）铺设应注意网格对齐，方便施工时计算地暖管的间距。墙脚处可使反射膜边缘翘起，遮住挤塑板与边条的缝隙。

050403 地板供暖热水管安装

供回水管现场安装图

工艺说明

　　（1）暗敷设的供回水在使用各类塑料管及复合管时，地面下敷设的盘管埋地部分不应有接头。热水管圆弧的顶部应用管卡进行固定。

　　（2）混凝土填充式供暖地面距离墙面最近的加热管与墙面间距宜为 100mm。

　　（3）每个环路加热管总长度与设计图纸的误差不应大于 8%。

　　（4）弯曲部分不得出现硬折弯现象，塑料管弯曲半径不小于管道外径的 8 倍，最大弯曲半径不得大于管道外径的 11 倍。

　　（5）加热管的环路布置不宜穿越填充层内的伸缩缝，必须穿越时，伸缩缝处应设长度不小于 200mm 的柔性套管。加热管出地面至分水器、集水器连接处，弯管部分不宜露出地面装饰层，加热管出地面至分水器、集水器下部球阀接口之间的明装管段，外部应加装塑料套管，套管应高出装饰面 150～200mm。

　　（6）浇筑混凝土填充层前，管道水压试验应验收合格。浇筑混凝土填充层时，管道应保持压力。

050404 地板供暖分集水器安装

分集水器安装示意图

工艺说明

（1）在墙上划线确定集分水器安装位置及标高，地暖集分水器要用专用的固定件，牢固地固定在墙体上。

（2）分水器、集水器内径不应小于总供、回水管内径，且分水器、集水器最大断面流速不宜大于 0.8m/s。每个分水器、集水器分支环路不宜多于 8 路。每个分支环路供回水管上均应设置铜制球阀等可关断阀门。

（3）水平安装时，宜将分水器安装在上，集水器安装在下，中心距宜为 200mm，允许偏差为 ±10mm，集水器中心距地面应不小于 300mm；垂直安装时，下端距地面不应小于 150mm。

（4）在分水器之前的供水连接管道上，顺水流方向应安装阀门、过滤器及泄水管。在分水器之前设置两个阀门，主要是供清洗过滤器和更换或维修热计量装置时关闭用；设过滤器是为了防止杂质堵塞流量计和加热管。集水器与地暖管理地 90°管卡之间增设保护套管，有效防止地暖管污染及热量流失。

（5）分水器、集水器上均应设置手动或自动排气阀。

（6）集分水器安装要保持水平，安装完毕后要擦拭干净；要注意供回水的连接，集分水器安装完毕需要标明每个回路的供暖区域。

050501 地板电热辐射供暖施工

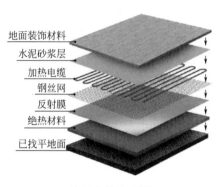

地面装饰材料
水泥砂浆层
加热电缆
钢丝网
反射膜
绝热材料
已找平地面

地板电热构造图

分集水器安装示意图

工艺说明

（1）地板电热辐射供暖施工分层：结构地面、保温隔热层、反射膜层、钢丝网层、加热电缆、混凝土层、装饰地面。

（2）发热电缆中间不应有接头。

（3）发热电缆施工前，应确认电缆冷线预留管、温控器接线盒、地温传感器预留管。

（4）发热电缆用扎带固定。

050502 发热电缆敷设施工

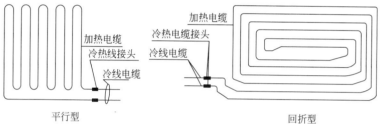

平行型　　　　　　　　　　　　回折型

发热电缆敷设施工示意图

工艺说明

（1）发热电缆在固定家具位置不敷设。

（2）发热电缆出厂后严禁有拼接和剪裁，有外伤或破损的发热电缆严禁敷设。

（3）发热电缆之间的最大距离不宜超过300mm，且不应小于50mm；距离外墙内表面不宜小于100mm。弯角处不得有折角，不得有翘起。

（4）发热电缆的布置，可选择平行型或回折型。

（5）发热电缆弯曲半径不得小于6倍电缆直径。

（6）每个房间宜独立安装一根电热缆。

（7）电缆间距误差不应大于10mm。

050503 发热电缆敷设安装流程

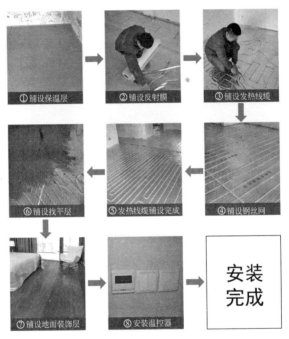

发热电缆敷设安装流程图

工艺说明

（1）混凝土填充层施工前，发热电缆电阻和绝缘性能检测合格。

（2）隐蔽验收工作完成。

（3）当房间面积大于 30m² 或边长超过 6m 时应设置伸缩缝。

（4）发热电缆辐射区域严禁穿凿、钻孔或射钉作业。

（5）发热电缆穿止水墙处应采取止水措施。

050504 温度控制面板安装

温度控制面板安装示意图

工艺说明

（1）温控面板应设置在附近无散热体、不受风吹日晒，能正确反映室温的位置。

（2）温控面板不宜设置在外墙上，高度宜距地 1.4m。

（3）温控面板宜布置在人员经常停留的位置。

（4）对需要同时控制室温和限制地面温度的场合，应采用双温型温度控制器。

050505 热风幕安装

热风幕安装示意图

工艺说明

(1) 公共建筑热风幕送风方式宜采用由上向下送风。建议热风幕顶部距地面高度为 2.2～2.5m，对于门洞高度超过 2.5m 或大门本身比较高的情况，可以选择双排或者多排安装，以提高热风幕的效果。

(2) 热风幕的送风温度应根据计算确定。对于公共建筑的外门，不宜高于 50℃；对高大外门，不宜高于 70℃。

(3) 热风幕的出口风速应通过计算确定，对于公共建筑的外门，不宜大于 6m/s；对于高大外门，不宜大于 25m/s。

(4) 门外的墙面必须有足够的支撑力来支持热风幕的重量。将热风幕的上部安装在门洞边缘位置上方，确保幕帘完全覆盖门洞，同时不影响人员通行和货物进出。

050601 辐射供暖施工

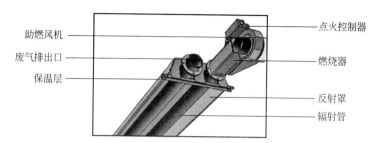

助燃风机
废气排出口
保温层
点火控制器
燃烧器
反射罩
辐射管

发生器/燃烧器　　反射罩　　辐射管
设备间距10m

辐射供暖安装示意图

工艺说明

（1）安装顺序为：吊点位置确定→吊链长度确定→安装吊链→安装辐射管→安装反射罩→安装发生器/燃烧器→燃气管道安装→电气设备及管线安装→尾气管道安装。

（2）发生器/燃烧器必须水平安装。

（3）辐射管安装前必须检查外观是否变形，并处理表面划痕，清理污垢。

（4）每个反射罩至少有两个以上的吊架。反射罩之间应使用滑动连接，避免弯曲、折损或滑开脱落。

050602 燃气管道安装

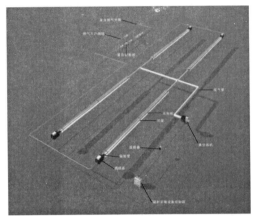

燃气管道安装示意图

工艺说明

（1）燃气系统的安装、检测、调试需由专业施工人员完成。

（2）燃气管道的防雷、防静电措施需按设计要求施工。

（3）每个发生器燃烧箱前必须安装一个 DN15 燃气专用切断阀。

050701 分户热计量表安装

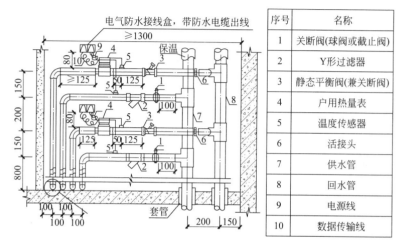

序号	名称
1	关断阀(球阀或截止阀)
2	Y形过滤器
3	静态平衡阀(兼关断阀)
4	户用热量表
5	温度传感器
6	活接头
7	供水管
8	回水管
9	电源线
10	数据传输线

热计量表安装图示

工艺说明

（1）分户热计量表安装前必须检查过滤器锁闭阀是否清洁，密封处完好无损。

（2）分户热计量表安装前必须保持管路清洁干净。

（3）分户热计量表可水平或垂直安装，水流方向一致。

（4）红色探头安装于回水球阀，蓝色探头安装于供水前端。

050801 复试要求

工艺说明

(1) 涉及安全、节能、环境保护和主要使用功能的材料、构件和设备，应按照现行国家标准《建筑节能工程施工质量验收标准》GB 50411 的规定在施工现场随机抽样复验，复验应为见证取样检验。当复验的结果不合格时，该材料、构件和设备不得使用。

(2) 同一厂家、同材质、同类型的散热器，数量在 500 组及以下时，抽检 2 组，当数量每增加 1000 组时，增加抽检 1 组；同一厂家、同规格的散热器按其数量的 1‰进行见证取样送检，但不少于 2 组；同工程项目、同施工单位且同期施工的对各单位工程可合并计算，复试指标：单位散热量、金属热强度。

(3) 同一厂家、同材质的保温材料见证取样送检次数不得少于 2 次。橡塑的复试指标：导热系数或热阻、密度、吸水率。玻璃棉的复试指标：管状，长度不小于 1m 的管一根，另送同种材质，同厚度且面积不小于 $1m^2$ 的板一块；板状，样品面积大于 $1m^2$。

(4) 同一厂家同一品种的挤塑聚苯乙烯泡沫塑料抽查不少于 3 组，不少于 $2m^2$，复试指标：表观密度、压缩强度及导热系数。

(5) 同一厂家、同品牌、同材质、同规格的耐热聚乙烯（PE-RT）管材，抽检一次，取样不少于 4m。复试指标：壁厚、外径、静液压强度、纵向回缩率。

(6) 材料的复试要求根据地区差异有所不同，结合施工现场实际情况见证取样，送检。

050901 防腐的基本要求

管线防腐示意图

工艺说明

（1）焊口防腐处理应在管道及设备水压试验合格后进行，根据锈蚀程度和施工作业面选择进行人工除锈、机械除锈及化学除锈，直至露出金属本色为止。

（2）明装非镀锌管道、支吊架应先刷一道防锈漆，待交工前再刷两道面漆；管道如有保温和防结露规定，应刷两道防锈漆，第二道防锈漆应待第一道漆充分干燥后再刷，且防锈漆稠度应适宜。

（3）镀锌钢管安装完成后，外露丝扣及其他镀锌层破坏处应刷两道防锈漆。穿混凝土结构的管道套管内壁应刷两道防锈漆、外壁不刷漆，穿砖（轻钢龙骨等）结构的套管内外壁均应刷两道防锈漆。

（4）手工刷涂应按自上而下，从左到右，先里后外，先斜后直，先难后易的原则，最后涂刷边缘和棱角，漆膜应均匀、致密、光亮、平滑。机械喷涂时应和喷漆面垂直，喷漆面为平面时，喷嘴与喷漆面应相距 $250\sim350$ mm，喷漆面如为圆弧面，喷嘴与喷漆面的距离应为 400 mm 左右。

（5）管道、金属支架和设备的防腐和涂漆应附着良好，无脱皮、起泡、流淌和漏涂缺陷。

051001 玻璃棉保温的基本要求

玻璃棉保温接头施工图

工艺说明

（1）采用成型制品的绝热材料时，绑扎应牢固，接缝应错开，里外层应压缝搭接，嵌缝应饱满；绝热层施工时，阀门、法兰盘、人孔及其他可拆件的部位应单独下料，留出空隙，绝热层断面应封闭严密、粘接密实；保温层在支、吊架处接缝应严密，支托架处的绝热层不得影响活动面的自由膨胀。

（2）保温管壳粘接牢固、铺设平整。硬质或半硬质保温管壳的拼接缝隙不应大于5mm，并用粘接材料勾缝填满；纵缝应错开，外层的水平接缝应设在侧下方；管段始、末端收边整齐平滑，无多余的保温材料和保护层。

（3）保护层完全覆盖，且紧贴保温层，表面平整、光滑、洁净，没有遗漏、翘边、脱落、松动、破损等现象；法兰、阀门、管箍、弯头等管道配件及管件处保护层必须单独处理，达到与管道同样的效果；管道保温外缠塑料布或玻璃丝布作为保护层时，搭接宽度合理、均匀一致，玻璃丝布缠绕完毕应刷防火涂料厚度均匀适宜，色泽一致，无交叉污染现象。

051101 供暖系统试验

工艺说明

（1）阀门、分水器、集水器组件安装前应做强度和严密性试验。

（2）水系统安装完毕，在保温之前应进行水压试验。盘管隐蔽前必须进行水压试验，试验压力为工作压力的1.5倍，但不小于0.6MPa。冬季进行水压试验时，应采取可靠的防冻措施。

（3）试验压力应符合设计要求。当设计未注明时，应符合下列规定：蒸汽、热水供暖系统，应以系统顶点工作压力加0.1MPa做水压试验，同时在系统顶点的试验压力不小于0.3MPa；高温热水供暖系统，试验压力应为系统顶点工作压力加0.4MPa；使用塑料管及复合管的热水供暖系统，应以系统顶点工作压力加0.2MPa做水压试验，同时在系统顶点的试验压力不小于0.4MPa。

（4）电热膜供暖系统在施工完毕且混凝土填充层养护期满及饰面层允许受热后，应进行调试和试运行。电热膜供暖系统初始通电加热时，每天升温不宜大于16.5℃，应控制室温平缓上升，直至室内温度达到设计要求。电热膜供暖系统的供暖效果，应以房间中央距地面1.5m处黑球温度计指示的温度，作为评价和检测的依据。

（5）完工验收（二次水压试验）立管与集分水器连接后，应进行系统试压。试验压力为系统顶点工作压力加0.2MPa，且不小于0.6MPa，10min内压力降不大于0.02MPa，降至工作压力后，不渗不漏为合格。

051102 供暖系统调试

系统调试示意图

工艺说明

　　供暖系统调试方法是观察，测量室温应满足设计要求。初始供暖时，水温变化应平缓。供暖系统的供水温度应控制在高于室内空气温度10℃左右，且不应高于32℃，并应连续运行48h；以后每隔24h水温升高3℃，直至达到设计供水温度，并保持该温度运行不少于24h；在设计供水温度下应对每组分水器、集水器连接的加热管逐路进行调节，直至达到设计要求。

第六章 室外给水管网

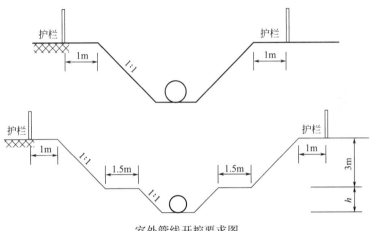

室外管线开挖要求图

工艺说明

(1) 人工开挖沟槽的槽深超过 3m 时应分层开挖，每层的深度不超过 2m。

(2) 开挖深度 $h \leqslant 3m$ 管沟按 $1:1$ 放坡；$3m < h \leqslant 5m$ 管沟按 $1:1$ 放坡，在 3m 处设置不小于 1.5m 的平台。

(3) 开挖时不得扰动槽底，剩余 20cm 由人工进行捡底，处于回填土区域，土质松散段，应加大放坡，坡度为 $1:1.5$。

(4) 基槽外侧应设置防护栏杆及排水沟。

(5) 如受场地限制，应采取土钉墙护坡等方式进行开挖。

060102 室外管线基槽施工及回填

地面			
原土分层回填	≥90%		管顶500～1000mm
符合要求的原土或中、粗砂，碎石屑，最大粒径＜40mm的砂砾回填	≥90%	85%±2%	≥90%	管顶以上500mm，且不小于一倍管径
分层回填密实，压实后每层厚度100～200mm	≥95%	D(管径)	≥95%	管道两侧
中、粗砂回填	≥95%	2α+30°	≥95%	2α+30°范围
中、粗砂回填	≥90%		管底基础，一般大于或等于150mm

槽底，原状土或经处理回填密实的地基（2α为管基支承角）

埋地管道沟槽开挖及回填土要求图

工艺说明

（1）沟槽开挖完成后进行钎探，并约请建设单位、设计单位、勘察单位、监理单位进行验槽，如槽底土质不符合设计要求或与地勘报告不符，需按勘察单位意见对槽底进行处理。

（2）压力管道水压试验前，除接口外，管道两侧及管顶以上回填高度不应小于0.5m；水压试验合格后，应及时回填沟槽的其余部分。

（3）管底基础采用中、粗砂回填，人工回填，压实度不小于90%，厚度不小于150mm。

（4）管基支承角2α加30°（180°）范围内的管底腋角部位必须用中砂或粗砂填充密实，与管壁紧密接触不得用土或其他材料填充。

（5）回填压实应不影响管道或结构的安全。管道两侧和管顶以上500mm范围内的回填材料，应由沟槽两侧对称运入槽内，不得直接回填在管道上；回填其他部位时，应均匀运入槽内，不得集中推入。

（6）直埋保温管道沟槽回填前，直埋管外保护层及接头应验收合格，不得有破损；管顶应铺设警示带，警示带距离管顶不得小于300mm，且不得敷设在道路基础中。

060103 室外给水铸铁管道施工

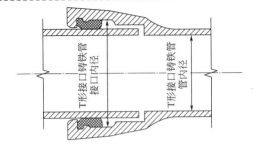

T 形接口铸铁管接口示意图

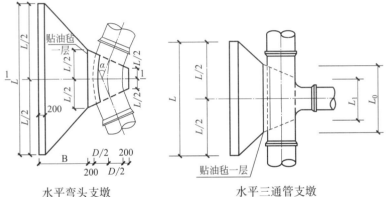

水平弯头支墩　　　　　　水平三通管支墩

L—支墩总长度；L_1—支墩三通支管内侧长度；L_0—支墩三通支管外侧长度；
α—弯头的角度；B—支墩本体宽度

工艺说明

（1）安装时要控制管道的走向和高程。

（2）橡胶圈安装就位后不得扭曲。当用探尺检查时，沿圆周各点应与承口端面等距，其允许偏差为±3mm。

（3）安装滑入式橡胶圈接口时，推入深度应达到标记环，并复查与其相邻已安好的第一至第二个接口推入深度。

（4）管道强度严密性试验必须符合设计及相关规范的规定。

（5）管道安装完毕，验收前应进行冲洗消毒，使水质达到规定洁净要求，做好管道冲洗消毒验收记录。

060104 室外给水管道热熔（电熔）施工

夹紧并清洁管口

调整并修平管口

加热板吸热

加压对接

保持压力冷却定型

焊接成型

热熔连接工艺流程图

工艺说明

（1）首先检查电源及焊接机具，试操作正常后才能焊接。连接前检查待连接管材及管件是否有明显划伤，大于5mm的划伤部位必须切除后方可连接。

（2）待接连件连接前，两管段各伸出夹具一定自由长度（100～150mm）并对口校正两对应的待连接件，使其在同一轴线上，错边不应大于2mm。

（3）管材或管件连接面上的污物应用洁净棉布擦净，并用铣削刀铣削待连接面，铣削后应重新对口检查使接口吻合。

（4）待连接端面用专用电热板加热，加热板温度设定为（210＋10）℃，待连接件的端面加热时间为5min。

（5）加热完毕，对接加热板应迅速脱离待连接件，并用均匀外力使两待连接面对接顶紧，形成均匀凸缘并平滑过渡到管材本体。卷边凸缘宽度为5～8mm，高度为3～5mm。接口保压冷却30min后，卸开夹具并检查接口质量。

（6）焊接好的管段目视检查接口合格后应及时下管并调整管道位置进行管道侧面及管顶回填，管顶覆砂厚度为60cm，分层回填并用平板振动器夯实。

060201 室外地上式消火栓安装

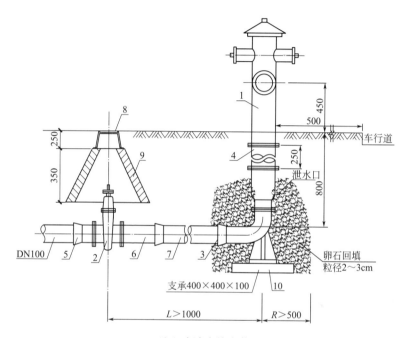

地上式消火栓安装

1—地上式消火栓；2—闸阀；3—弯管底座；4—法兰接管；5—短管甲；

6—短管乙；7—连接管；8—闸阀套筒；9—砖砌井筒；

10—混凝土支墩地上式消火栓安装

L—检修闸阀与地上式消火栓的距离；R—采用卵石回填的半径范围

工艺说明

（1）支管浅装（消火栓安装在支管上且管道覆土深度＜1000mm）的地上式消火栓：消火栓下部直埋，检修闸阀设闸阀套筒。适用于冰冻深度＜200mm地区。支管深装（消火栓安装在支管上且支管覆土深度＞1000mm）的地上式消火栓：消火栓下部直埋，检修闸阀设闸井。

（2）安装形式为支管的室外消火栓，从干管接出的支管应尽量短。当支管较长时，应采取措施防止管道长期不用造成水质污染。

（3）在柔性接口铸铁管道水流方向改变处应考虑设置支墩等稳定措施。

（4）室外消火栓弯管底座或室外消火栓三通下设支墩，支墩必需托紧弯管或三通底部。

（5）当泄水口位于井室之外时，应在泄水口处做卵石渗水层，卵石粒径为20～30mm。铺设半径不小于500mm，铺设深度自泄水口以上200mm至槽底。铺设卵石时，应注意保护好泄水装置。

060202 室外地下式消火栓安装

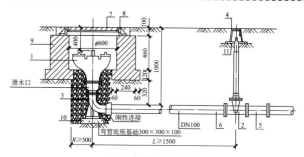

地下式消火栓安装

1—地下式消防栓；2—盒式直埋闸阀；3—弯管底座；4—阀盒；5—短管甲；6—法兰直管；7—井盖；8—井座；9—砖砌井室；10—弯管底座基础；11—混凝土底座

L—检修闸阀与地下式消火栓的距离；*R*—采用卵石回填的半径范围

工艺说明

（1）支管浅装（消火栓安装在支管上且管道覆土深度＜1000mm）的地下式消火栓：消火栓上部设砖砌井室，下部直埋，检修闸间设闸阀套筒。适用于冰冻深度＜400mm。支管深装（消火栓安装在支管上且支管覆土深度＞1000mm）地下式消火栓：消火栓位于井室内，在栓体下部设有检修蝶阀。消火栓通过弯管底座与给水支管连接。

（2）安装形式为支管的室外消火栓，从干管接出的支管应尽量短。当支管较长时，应采取措施防止管道长期不用造成水质污染。

（3）在柔性接口铸铁管道水流方向改变处应考虑设置支墩等稳定措施。

（4）室外消火栓弯管底座或室外消火栓三通下设支墩，支墩必需托紧弯管或三通底部。

（5）当泄水口位于井室之外时，应在泄水口处做卵石渗水层，卵石粒径为20～30mm。铺设半径不小于500mm，铺设深度自泄水口以上200mm至槽底。铺设卵石时，应注意保护好泄水装置。

060203 室外地下式消防水泵接合器安装

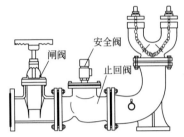

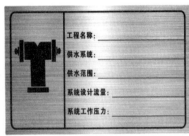

地下式消防水泵接合器安装

工艺说明

（1）水泵接合器应设在室外便于消防车使用的地点，且距室外消火栓或消防水池的距离不宜小于15m，并不宜大于40m。

（2）其安装位置应有明显标志，阀门位置应便于操作，接合器附近不得有障碍物。安全阀应按系统工作压力确定压力，防止外来水源压力过高破坏室内管网及部件，接合器应有泄水阀。

（3）水泵接合器处应设置永久性标志铭牌，并应标明供水系统、供水范围和额定压力等信息。

（4）地下消防水泵接合器的安装，应使进水口与井盖底面的距离不大于0.4m，且不应小于井盖的半径。

（5）消防水泵接合器的安全阀及止回阀安装位置和方向应正确，阀门启闭应灵活。

060204 室外地上式消防水泵接合器安装

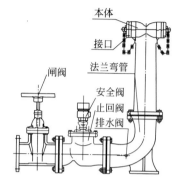

地上式消防水泵接合器安装

工艺说明

（1）地上式消防水泵接合器安装，接口中心高度距离地面0.7m。

（2）其安装位置应有明显标志，阀门位置应便于操作，接合器附近不得有障碍物。安全阀应按系统工作压力确定压力，防止外来水源压力过高破坏室内管网及部件，接合器应有泄水阀。

（3）水泵接合器处应设置永久性标志铭牌，并应标明供水系统、供水范围和额定压力等信息。

（4）消防水泵接合器的安全阀及止回阀安装位置和方向应正确，阀门启闭应灵活。

060205 室外墙壁式消防水泵接合器安装

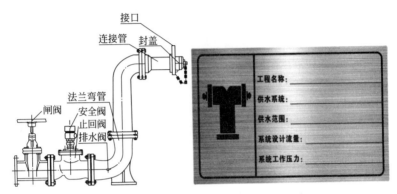

墙壁式消防水泵接合器安装

工艺说明

（1）消防水泵接合器安装位置应有明显标志，阀门位置应便于操作，接合器附近不得有障碍物。

（2）安全阀应按系统工作压力确定压力，防止外来水源压力过高破坏室内管网及部件，接合器应有泄水阀。

（3）墙壁消防水泵接合器的安装高度距地面宜为 0.7m；与墙面上的门、窗、孔、洞的净距离不应小于 2.0m，且不应安装在玻璃幕墙下方。

（4）消防水泵接合器的安全阀及止回阀安装位置和方向应正确，阀门启闭应灵活。

（5）水泵接合器应设在室外便于消防车使用的地点，且距室外消火栓或消防水池的距离不宜小于 15m，并不宜大于 40m。

（6）水泵接合器处应设置永久性标志铭牌，并应标明供水系统、供水范围和额定压力等信息。

060301 室外管网的试验与调试

室外管网试压

工艺说明

（1）管网安装完成后，必须进行水压试验。

（2）试验压力为工作压力的 1.5 倍，但不得小于 0.6MPa。

（3）管材为钢管、铸铁管时，试验压力下 10min 内压力降不应大于 0.05MPa 然后降至工作压力进行检查，压力应保持不变，不渗不漏。

（4）管材为塑料管时，试验压力下，稳压 1h 压力降不大于 0.05MPa 然后降至工作压力进行检查，压力应保持不变，不渗不漏。

（5）压力试验前，焊接质量外观和无损检验应合格。

（6）安全阀的爆破片与仪表组件等应拆除或已加盲板隔离。加盲板处应有明显的标记，并应做记录。安全阀应处于全开，填料应密实。

（7）强度试验用的压力表应经校验，其精度不得小于 1.0 级，量程应为试验压力的 1.5～2 倍，数量不得少于 2 块，并应分别安装在试验泵出口和试验系统末端。

（8）严密性试验用的压力表应经校验，其精度不得小于 1.5 级，量程应为试验压力的 1.5～2 倍，数量不得少于 2 块，并应分别安装在试验泵出口和试验系统管网末端。

第七章 室外排水管网

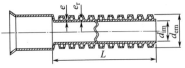

（a）带扩口管材结构示意图

（b）承接式连接示意图

聚乙烯（PE）双壁波纹管
承插式连接示意图

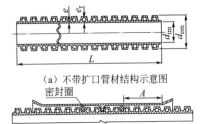

（a）不带扩口管材结构示意图

（b）管件连接示意图

聚乙烯（PE）双壁波纹管
管件连接示意图

L—双壁波纹管的长度；A—密封圈与承插口的距离；d_{im}—双壁波纹管内径；
d_{em}—双壁波纹管外径；e—双壁波纹管的壁厚；e_r—双壁波纹管加强环处的壁厚

工艺说明

（1）承插连接用弹性密封橡胶圈的外观应光滑平整，不得有气孔、裂缝卷褶、破损、重皮等缺陷。

（2）弹性密封橡胶圈采用具有耐酸、碱、污水腐蚀性能的三元乙丙橡胶或氯丁橡胶，其性能应符合相关国家标准。

（3）管道连接前，应先检查橡胶圈是否配套完好，确认橡胶圈安放位置及插口应插入承口的深度并做好记号。

（4）接口作业时，应先将承口（或插口）的内外工作面用棉纱清理干净，不得有泥土等杂物，并在承口内工作面涂上润滑剂，然后立即将插口端的中心对准承口的中心轴线就位。

（5）接口插入承口时，小口径管可在管端设置木挡板，用撬棒将管材沿轴线徐徐插入承口内，公称直径大于DN400的管道可用缆绳系住管材，用捯链等工具将管材缓慢拉入承口内。

070102 室外排水管道与检查井连接

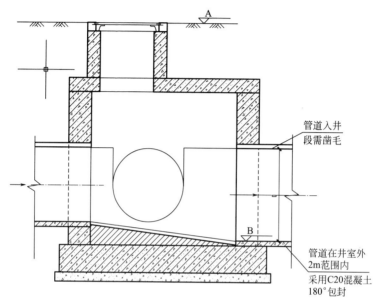

管道入井段需凿毛

管道在井室外2m范围内采用C20混凝土180°包封

排水管与排水井连接剖面图

工艺说明

（1）钢筋混凝土管道进入检查井段需进行凿毛处理。

（2）井室外侧2m范围内管道需采用C20混凝土进行180°包封施工，以防止不均匀沉降。

（3）道路下方井筒、井盖在路基施工时先砌筑至设计道路路床高度，并按规范要求对井室周边不小于50cm范围内进行反挖至路床下1.5m，采用易压实的级配砂石进行分层回填至设计路床高程。

（4）待路基碾压施工完成后对井室位置重新反挖，砌筑井筒、安装井盖，再进行沥青混凝土底面层、中面层、表面层施工时随道路各层路面高程分三次进行调整，最终达到设计道路高程。

070201 室外给水排水管道检查井井盖安装措施

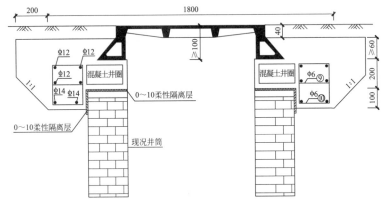

排水检查井结构图

工艺说明

（1）以检查井井中为中心，进行开挖。上口直径：2.2m，下口直径：1.8m，深度：40cm（距设计路面高）。

（2）井筒上面铺设普通油毡等隔离材料，并进行钢筋绑扎。

（3）采用螺丝杆支顶等支垫方法，准确安装检查井井圈。

（4）一次性浇筑混凝土，浇筑至道路沥青表面层底面高度。拉毛处理混凝土表面，保证粗糙度，且养护7d。

070301 室外排水管网的试验与调试

闭水球胆

室外排水管道灌水试验

工艺说明

（1）排水管道埋设前必须做灌水试验和通水试验。

（2）排水应畅通、无堵塞，管道接口无渗漏。

（3）按排水检查井分段试验，试验水头应以试验段上游管顶加 1m，时间不少于 30min，逐段观察。

（4）灌水试验用水应从上游开始，试验用水尽可能做到重复利用。

第八章　室外供热管网

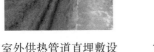

室外供热管道直埋敷设　　　室外供热管道架空敷设

工艺说明

(1) 直埋保温管接头处应设置工作坑，工作坑的尺寸应满足接口安装操作的要求。

(2) 雨期施工应采取防止浮管或泥浆进入管道及管路附件的措施。

(3) 管道安装前应将内部清理干净，安装完成应及时封闭管口。当施工间断时，管口应用堵板临时封闭。

(4) 预制直埋管道现场安装完成后，必须对保温材料裸露处进行密封处理。

(5) 架空敷设的供热管道安装高度，如设计无规定时，人行地区不小于2.5m；通行车辆地区不小于4.5m，跨越铁路距轨顶不小于6m。

(6) 管道支架、吊架安装位置应正确，标高和坡度应符合设计要求；支架结构接触面应洁净、平整；管道支架、吊架处不应有管道焊缝；

(7) 固定支架的制作应进行记录。

080102 室外供热管道支架安装

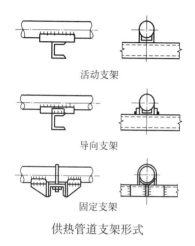

活动支架

导向支架

固定支架

供热管道支架形式

工艺说明

（1）有热位移的管道，其吊杆应偏置安装。当设计文件无规定时，吊点应设置在位移的相反方向，并应按位移值的1/2偏位安装。

（2）滑动支架、导向支架的工作面应平整、光滑，不得有毛刺及焊渣等异物。

（3）活动支架的偏移方向、偏移量及导向性能应符合设计要求。

（4）管道安装时不宜使用临时支、吊架。当使用临时支、吊架时，不得与正式支、吊架位置冲突，不得直接焊在管子上，并应有明显标记。在管道安装完毕后应予拆除。

080103 室外供热管道的防腐和保温

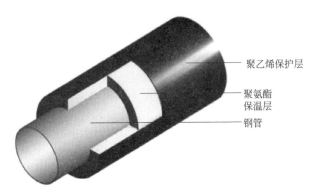

聚乙烯保护层

聚氨酯
保温层

钢管

直埋管道保温结构

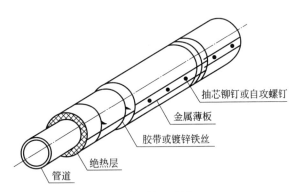

抽芯铆钉或自攻螺钉

金属薄板

胶带或镀锌铁丝

绝热层

管道

架空管道保温结构

工艺说明

（1）防腐材料及涂料的品种、规格、性能应符合设计和环保要求，产品应具有质量合格证明文件。

（2）涂刷层数、厚度应符合产品质量要求；涂料的耐温性能、抗腐蚀性能应按供热介质温度及环境条件进行选择。

（3）涂料涂刷时的环境温度和相对湿度应符合涂料产品说明书的要求。当产品说明书无要求时，环境温度宜为 5～40℃，相对湿度不应大于 75%。

（4）防腐层表面应光滑，不得有气孔、针孔和裂纹。钢管两端应留 200～250mm 空白段。

（5）保温层施工时，当保温层厚度大于 100mm 时，应分为两层或多层逐层施工；保温层应错缝铺设，缝隙处应采用石棉灰胶泥填实。当使用两层以上的保温制品时，同层应错缝，里外层应压缝，其搭接长度不应小于 50mm。

（6）保温材料的品种、规格、性能等应符合设计和环保的要求，产品应具有质量合格证明文件。

（7）保护层施工前，保温层应已干燥并经检查合格，保护层应牢固、严密。

（8）当垂直管道及设备的保护层采用复合铝箔、玻璃钢保护壳和铝塑复合板等时，应由下向上，成顺水接缝。

第九章 建筑饮用水供应系统

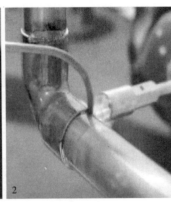

铜管焊接连接

工艺说明

(1) 管道表面应平整、光洁，不得有损坏、磕碰。焊接前应对焊接处铜管外壁和管件内壁用细砂纸、钢毛刷或含其他磨料的布砂纸擦磨，去除表面氧化物。

(2) 钎焊强度小，一般焊口采用搭接形式。搭接长度为管壁厚度的6～8倍，管道的外径 D 小于等于28mm时，搭接长度为 (1.2～1.5)Dmm。

(3) 焊接过程中，焊枪应根据管径大小选用得当，连接处的承口及焊条应加热均匀。焊接时，不得出现过热现象，焊料渗满焊缝后应立即停止加热，并保持静止，自然冷却。

(4) 铜管与铜合金管件或铜合金管件与铜合金管件间焊接时，应在铜合金管件焊接处使用助焊剂，并在焊接完成后，清除管道外壁的残余熔剂。

(5) 覆塑铜管焊接时应剥出长度不小于200mm裸铜管，并在两端缠绕湿布，焊接完成后复原覆塑层。

(6) 钎焊后的管件，必须在8h内进行清洗，除去残留的熔剂和熔渣。常用煮沸的含10%～15%的明矾水溶液或含10%柠檬酸水溶液涂刷接头处，然后用水冲洗擦干，且在焊接安装时应尽量避免倒立焊。

090102 直饮水机安装

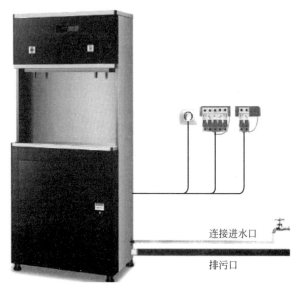

连接进水口

排污口

直饮水机安装

工艺说明

（1）进水口需预留阀门，便于设备维修。

（2）设备附近需预留排水点。

（3）设备安装位置需临近水源点，并要求放置牢固、平稳、平直。

（4）将适配器电源线插入电源插座，确保电源线之间无交叉接触。

090103 直饮水系统清洗和消毒

工艺说明

（1）直饮水系统试压合格后应对整个系统进行清洗和消毒。直饮水系统冲洗前，应对系统内的仪表、水嘴等加以保护，并应将有碍冲洗工作的减压阀等部件拆除，用临时短管代替，待冲洗后复位。

（2）饮水系统应采用自来水进行冲洗，冲洗水流速宜大于 2m/s，冲洗时应保证系统中每个环节均能被冲洗到。系统最低点应设排水口，以保证系统中的冲洗水能完全排出。清洗后，冲洗出口处（循环管出口）的水质应与进水水质相同。

（3）直饮水系统较大时，应利用管网中设置的阀门分区、分幢、分单元进行冲洗。用户支管部分的管道使用前应再进行冲洗。

（4）直饮水系统经冲洗后，应采用消毒液对管道灌洗消毒。消毒液可采用含 20～30mg/L 的游离氯溶液，或其他合适的消毒液。

（5）循环管出水口处的消毒液浓度应与进水口相同，消毒液在管网中应滞留 24h 以上。管网消毒后，应使用直饮水进行冲洗，直至各用水点出水水质与进水口相同为止。

（6）净水设备应经清洗后才能正式通水运行，设备连接管道等正式使用前应进行清洗消毒。

（7）净水机房宜配置原位消毒（CIP）清洗系统，定期对直饮水管道系统及滤膜进行清洗消毒。

第十章　建筑中水系统及雨水利用系统

100101 建筑中水系统水源及标识

中水管道

中水取水点标识

工艺说明

（1）中水管道严禁与生活饮用水给水管道连接。

（2）建筑中水水质应根据其用途确定，当分别用于多种用途时，应按不同用途水质标准进行分质处理；当同一供水设备及管道系统同时用于多种用途时，其水质应按最高水质标准确定，建筑中水不得用作生活饮用水水源。

（3）医疗污水、放射性废水、生物污染废水、重金属及其他有毒有害物质超标的排水，不得作为建筑中水水源。

（4）中水管网中所有组件和附属设施的显著位置应配置"中水"耐久标识，中水管道应涂浅绿色，埋地、暗敷中水管道应设置连续耐久标志带。

（5）公共场所及绿化、道路喷洒等杂用的中水用水口应设带锁装置。

100102 建筑中水系统、雨水利用系统管道及配件安装

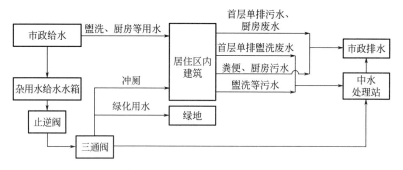

中水收集、利用流程图

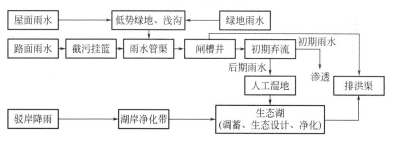

雨水收集流程图

工艺说明

（1）民用建筑采用非传统水源时，处理系统出水必须保障用水终端的日常供水水质安全可靠，严禁对人体健康和室内卫生环境产生负面影响。

（2）新型水源包括利用雨水下渗、净化和收集回用技术，末端集中控制技术包括雨水湿地、塘体及多功能调蓄等。

（3）非传统水源供水系统必须独立设置。管网中所有组件和附属设施的显著位置应设置非传统水源的耐久标识，埋地、暗敷管道应设置连续耐久标识；管道取水接口处应设置"禁止饮用"的耐久标识；公共场所及绿化用水的取水口应设置采用专用工具才能打开的装置。

100103 水处理设备及控制设施安装

中水处理设备　　　　　　　　　　雨水处理设备

工艺说明

（1）设备和器具在施工现场运输、保管和施工过程中，应采取防止损坏的措施。地下构筑物（罐）的室外人孔应采取防止人员坠落的措施。水处理构筑物的施工作业面上应设置安全防护栏杆。

（2）给水排水与节水工程调试应在系统施工完成后进行，并应符合下列规定：水池（箱）应按设计要求储存水量；系统供电正常；水泵等设备单机及并联试运行应符合设计要求；阀门启闭应灵活；管道系统工作应正常。

（3）施工完毕后的贮水调蓄、水处理等构筑物必须进行满水试验，静置24h观察，应不渗不漏。

（4）建筑中水、雨水回用、海水利用等非传统水源管道验收时，应逐段检查是否与生活饮用水管道混接。

第十一章 游泳池及公共浴池水系统

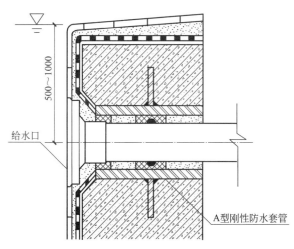

池壁给水口安装示意图

池壁给水口安装现场图

工艺说明

（1）池水为逆流循环时，给水口应采用池底型。

① 标准池池底给水口应均匀布置在每条泳道分隔线在池底的水平投影线上，其纵向间距为 3.0m。

② 非标准池应按每个给水口的服务面积为 7.6～8.0m² 均匀布置。

（2）池水为顺流循环时，给水口应采用池壁型。

① 两侧壁给水时，给水口间距不宜超过 3.0m。

② 两端壁给水时，给水应在水线挂钩下的端壁上且在池子拐角处距端壁或另一池壁的距离不得超过 1.5m，并应布置在池水表面下 0.5～1.0m 处。

③ 当泳池水深超过 2.5m 时，宜设置上、下两层给水口，且上、下层给水口错开布置，最底层给水口应高于池底内表面 0.5m。

（3）逆流式游泳池建于地面时，池底给水与配水管连接宜在垫层内安装。建于楼板上时，池底给水口配水管宜穿池底安装。

（4）给水口位置安装误差不宜大于 10mm。

（5）当给水口穿过池底或池壁时应安装 A 型防水套管，套管内按要求进行封堵。

110102 池壁吸污口安装

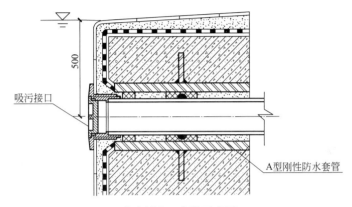

池壁污水口安装示意图

池壁污水口安装现场图

工艺说明

（1）吸污接口与连接管同径。

（2）吸污接口连接管与泳池循环水回水管宜分开设置，并应接至循环水泵的吸水管上，设阀门独立控制。

（3）吸污接口的数量在泳池每边侧壁上设 3 个，可等距离布置在池侧壁的池水表面下 0.5m 处；不规则形状的游泳池按间距不超过 20m 设置一个吸污接口。如采用带自净装置的池底吸污机清污的泳池可不设置吸污接口。

（4）穿过池壁的吸污接口应安装 A 型防水套管，套管内按要求进行封堵。

110201 管式毛发聚集器安装

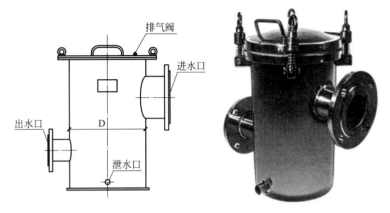

毛发聚集器安装示意图

工艺说明

（1）毛发聚集器应安装在每台循环水泵的吸水管上，当循环水泵与毛发聚集器为一体化设备时，不应重复安装。

（2）如为两台循环水泵，应交替运行，当循环水泵无备用泵时，宜设置备用过滤筒（网框）。

（3）毛发聚集器的构造应简单、方便装卸；内部过滤筒（网框）孔眼（网眼）的总面积不应小于进水管截面积的2倍，采用过滤筒时，孔眼直径不应大于3.0mm；采用网框时，网眼不应大于15目。

（4）外壳应为耐压的耐腐蚀材料，当采用碳钢、铸铁材质时，内外表面应进行防锈蚀处理；过滤筒（网框）的材质应耐腐蚀、不变形。

（5）顶盖应开启、关闭灵活方便，并宜设透明观察窗。

（6）应设有排气装置，并宜装真空压力表。毛发聚集器的耐压不应小于0.40MPa。

110202 石英砂过滤器安装

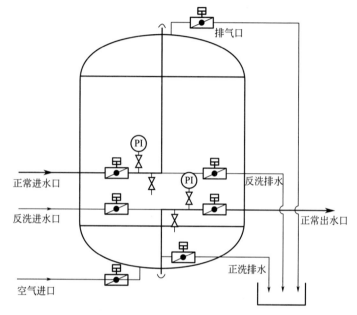

石英砂过滤器安装示意

工艺说明

(1) 将设备固定在表面平整的基础上，并采取减震措施。

(2) 每段管道组装前应用干净抹布对内壁进行清洁工作，组装后应保持配管横平竖直，阀门朝向合理。

(3) 填充滤料前应对罐体、管道进行冲洗，在冲洗工作完成后进行滤料装填。

(4) 首先用人工将地层砂铺好，砂层厚度超过收集管道的 10～15cm 后再向罐体内注水至一定高度，最后在将剩余石英砂倒入。

(5) 石英砂过滤器顶部高点应安装自动排气阀，在底部安装排水阀。

110301 泳池池水处理工艺

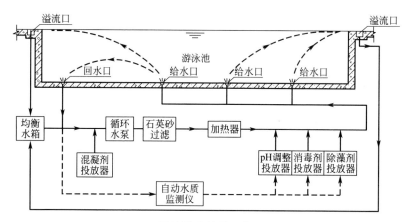

泳池池水处理工艺

工艺说明

（1）水源：游泳池初次充水、重新换水和平常使用过程中的补充水宜采用当地市政自来水管网水源。

（2）池水循环方式：游泳池循环方式可采用顺流式、逆流式、混合流式。游泳池的给水口、回水口和泄水口的设置和产品规格应满足相关规范要求。

（3）池水净化：采用毛发聚集器对池水进行预净化，循环水过滤宜选用泳池专用石英砂过滤器。

（4）池水加药和水质平衡在进行净化处理过程中，应向循环水投加下列药剂：在过滤器前投加混凝剂；在消毒之前投加 pH 值调整剂；药剂采用湿式投加，投加方式采用压力式投加，投加设备产品选用耐腐蚀材料制造，并可调整输出量。选用水质平衡监测控制系统，对水质的各种参数（pH 值、ORP 等）进行监控管理，以保障游泳池水质。

（5）池水消毒：泳池采用"臭氧消毒辅以长效氯消毒"消毒系统。

（6）池水加热：游泳池池水通过板式换热器间接加热方式，初次加热时间按 48h。

（7）游泳池循环水系统加药（混凝剂）的药品溶解池、溶液池及定量投加设备应采用耐腐蚀材料制作。输送溶液的管道应采用塑料管、胶管或铜管。

（8）游泳池的浸脚、浸腰消毒池的给水管、投药管、溢流管、循环管和泄空管应采用耐腐蚀材料制成。

第十二章 热源及辅助设备

锅炉房安装示意图

工艺说明

（1）锅炉安装前，应划定纵向、横向安装基准线和标高基准点，混凝土基础外观质量不得有蜂窝、麻面、裂纹、孔洞、露筋等缺陷。

（2）锅炉受压元件焊接前应制定焊接工艺评定指导书，焊缝及热影响区表面无裂纹、未熔合、夹渣、弧坑和气孔。

（3）管道保温严密，铝皮采用顺水搭接，强弱电管线应具有防爆功能，锅炉房内应有疏散通道和强制通风措施，事故风机电机应为防爆型，应有可靠的报警及连锁保护装置，且设置自动消防灭火设施和可燃气体报警装置。

（4）锅炉房干净整洁，管道、阀门标识标牌设置清晰合理。锅炉与建筑物之间的净距应满足操作、检修及辅助设备布置需要。

120201 疏水器安装

疏水器安装示意图

工艺说明

（1）疏水器不能串联，疏水器应安装在设备出口最低处，及时排出凝结水，避免管道产生汽阻，疏水器的排水管管径不能小于进口管径。

（2）疏水器安装箭头标志与凝结水流一致，疏水器前后安装阀门或者活接头，方便随时检修，疏水器前安装过滤器，定期清理。

（3）安装应按设计要求设置旁通管、冲洗管、检查管、止回阀和除污器等，检查管、冲洗管应接至排水沟。

（4）疏水器后如有凝结水回收，出水管应从回收总管的上面接入，减少背压，防止回流。

120202 大型管道焊接对口间隙的调整

大型管道焊接对口间隙的调整示意图

工艺说明

（1）将固定板焊接于管道本体上。

（2）将固定板插入对口间隙调节装置滑槽，并用固定销钉固定。

（3）将楔铁砸入垫铁插槽，通过斜面调节对口间隙，直到满足规范要求为止。

（4）对口间隙调节完成后，将焊口点焊固定。

120203 大型管道焊接错边量调整

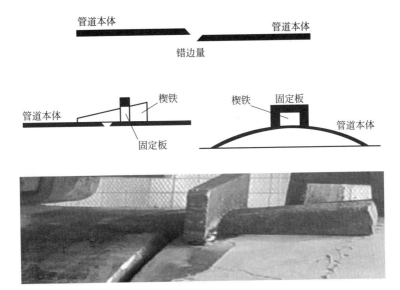

大型管道焊接错边量调整示意图

工艺说明

（1）首先将固定板满焊于管道上。

（2）将调节楔铁通过固定板的调节孔砸入，楔铁平面紧贴管道。

（3）将本体错边量调节至满足规范要求后，再进行对口间隙调节，调节完成后，将管道进行点焊固定。

120301 安全阀安装

安全阀示意图

工艺说明

（1）安全阀应逐个进行严密性试验，安全阀安装前需到有资质的检测部门进行测试定压，检验合格后加锁或铅封。

（2）安全阀应垂直安装并靠近被保护的设备或管道，在液体管道、换热器和容器等，安全阀可水平安装，可有效防止由阀关闭的热膨胀而导致系统压力上升。

（3）对于气体或蒸汽等可压缩介质，安全阀需直接安装在被保护设备气相空间的最高部位；对于液体等不可压缩介质，安全阀需安装在正常液面的下方；保护满流液体的安全阀，需安装在设备的顶部或顶部的出口管道上。

（4）安全阀应装排水管或排气管，应直通安全地点，并且有足够的流通截面积，保证排放畅通。在排水管上不应装设阀门，并且应有防冻措施；不应有任何来自排气管的外力施加到安全阀上，安全阀排气管底部应装有接到安全地点的疏水管，在疏水管上不应装设阀门，两个独立的安全阀的排气管不应相连。

120302 压力表安装

压力表安装示意图

工艺说明

（1）压力表安装前应进行校验，校验合格后铅封处理。

（2）压力表应装设在便于观察和吹洗的位置，并防止受到高温、冰冻和振动的影响；露天安装时应考虑防雨防冻措施。

（3）压力表测量范围：当测量稳定压力时，测量值不要超过测量上限值的2/3，在测量波动的压力时，测量值不要超过测量上限的1/2，在上述两种情况下，测量值最低不要低于上限值的1/3。真空压力表测量范围：在静压下不超过测量上限的3/4，在波动下不应超过测量上限的2/3。在上述两种情况下，测量值最低不应低于下限值的1/3，测量真空时真空部分全部使用。压力表量程在没有设计要求的情况下，应为系统工作压力的2～2.5倍。

（4）锅炉蒸汽空间设置的压力表应当有存水弯或者其他冷却蒸汽的措施，热水锅炉的压力表应当有缓冲弯管，弯管内径不应小于10mm，压力表与表弯之间应设置三通旋塞阀门，以便吹洗管路、更换、校验压力表。

（5）当压力表出现表针在无压时不能恢复零位、表盘刻度模糊不清、保护玻璃破碎、表针被卡不动等情况时，应立即更换新表。当安装高度超过2m时，压力表表盘直径不小于150mm。

120303 温度计安装

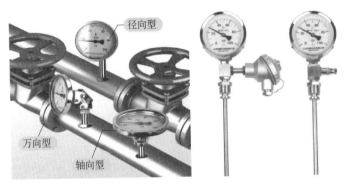

径向型

万向型

轴向型

温度计安装示意图

工艺说明

（1）温度计的安装，应注意有利于测温准确，安全可靠及维修方便，而且不影响设备运行和生产操作。

（2）双金属温度计保护管浸入被测介质中长度必须大于感温元件的长度，一般浸入长度大于100mm，0～50℃量程的浸入长度大于150mm，以保证测量的准确性；各类双金属温度计不宜用于测量敞开容器内介质的温度，带电接点温度计不宜在工作振动较大场合的控制回路中使用；双金属温度计在保管、使用安装及运输中，应避免碰撞保护管，切勿使保护管弯曲变形及将表当扳手使用。

（3）使用远传温度计是必须将温包全部浸入到被测介质中。安装温度计时必须注意弹簧管和温包尽量处于同一高度，否则对蒸汽和液体远传温度计的示值产生误差；温包高时示值比实际值大，温包低时示值比实际值小，对于气体远传温度计的影响则可忽略不计；安装使用时必须注意保护毛细管，不得剧烈地多次弯曲，冲击或损坏密封性，还要避免对毛细管和弹簧的腐蚀影响。

（4）仪表经常工作的温度宜在刻度范围的1/2～3/4处。

120304 液位计安装

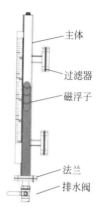

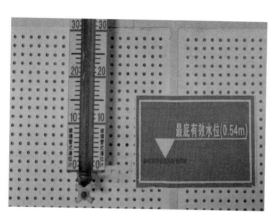

液位计安装示意图

工艺说明

（1）液位计应有最低水位、最高水位的明显标识，当液位计长度较长时，应设置保护套。

（2）液位计安装前要保证各汽水通道畅通，不应有杂物堵塞；结合面应平整严密，液位计下端设有放水旋塞或阀门，以便冲洗。

（3）数个液位计组合使用时，相邻的两个液位计在垂直方向应重叠150～250mm，其水平间距宜为200mm。

120401 集分水器安装

集分水器安装示意图

工艺说明

(1) 安装前对设备基础位置、外形尺寸及平面标高进行复验，基础表面无裂痕、缺角、漏筋，预埋铁表面应平整，出厂铭牌需外露，不得被保温材料所遮盖，当设备保温时，需将铭牌拆下，待保温完成后固定在外表面明显位置。

(2) 支架选型应依据国家标准图集选用，将预制的型钢支架支立在预埋件上，检查支架的垂直度和水平度，合格后进行焊接固定；支架与分集水器接触紧密，支架安装高度根据深化图纸确定，但最高不得高于1000mm，分集水器矫正调平后紧固。

(3) 为保证筒体能自由伸缩，支架一端应与筒体预留件焊接固定，另一端采用托架，排污管应引入就近排水沟内。

(4) 抗震支架连接件设计建筑物在8度、9度范围内的水泵及其他设备应配置防振基础，并应固定在固定位置上，并计算和确定限位装置。

120402 卧式循环泵安装

卧式循环泵安装示意图

工艺说明

（1）安装前应核对现场基础与水泵底座是否匹配，水泵机组底座四周宜宽出 100～200mm。

（2）同型号水泵安装需成排成线，配管、支架及阀门设置位置一致，电机轴承与叶轮轴承应在同一中心线上，且靠背轮周围间隙应一致，水泵安装水平偏差不应大于1/1000。

（3）水泵吸水管和出水管上均应采用管道隔振措施，且应具有隔振和位移补偿功能，水泵进出口软连接螺栓的螺杆应朝软接外安装，软连接的固定支架设置在软接后面；吸水管平管段上不应有气囊和漏气现象，应采用顶平偏心变径连接，出水管采用同心变径连接。

（4）设备与基础间应有合理的减振措施，减振措施不得被基础掩盖。

（5）水泵单机试运转时，检查安装方向是否正确，叶轮是否正常转动，无异常振动和声响；电机电流和功率不超过额定值，温度在正常范围内；各种阀门应开启灵活，密封严密；压力等仪表应显示正常、动作准确。

120403 板式换热器安装

板式换热器安装示意图

工艺说明

（1）安装前进行基础底座验收，包括基础标高、平面位置及形状、地脚螺栓等位置。按照换热器的结构尺寸留有拆装、清洗的维修空间。

（2）换热器的安装高度，最下端管道进出口距离地面的净空高度应不小于150mm，泄水阀端部距离地面的净空高度应不小于100mm。通过地脚螺栓进行设备加固时，支座下方需设置有效的减振措施。

（3）换热器冷热介质进出口接管安装，应按照出厂铭牌所规定的方向连接，严禁接反；换热器的管道布置不应妨碍管线、阀门的安装及拆卸；多台换热器并排布置时，每台换热器的冷、热介质接管和阀门位置宜按相同方式布置，管道不宜布置在换热器轴线的正上方。

（4）换热板及管线需冲洗到位，换热器的进水口应设置过滤器，过滤精度应不低于10目，严防堵塞。

（5）根据地区差异及设计要求进行合理的保温。

120501 热源及辅助设备试验与调试

工艺说明

(1) 水压试验首先检查系统中的泄水阀门是否关闭，干、立、支管的阀门是否打开。在临时取水点处向系统充水，在水泵立管处安装压力表，充水开始先打开系统最高点的阀门，待最高点的阀见水后关闭阀门。用设在立管泄水阀门处的电动试压泵向系统增压至试验压力，稳压，检查系统管道渗漏情况，检查完后泄水修理。若存在漏点，需要修理完后二次充水试压，试验压力满足设计及验收规范，且不渗、不漏，并经监理单位验收为合格。

(2) 系统试压并经监理单位验收合格后，对系统进行冲洗并清扫，现场观察，直至排出水不含泥砂、铁屑等杂质，且水色不浑浊，经监理单位验收合格，停止冲洗。锅炉的主汽阀、出水阀、排污阀和给水截止阀与锅炉本体一起进行水压试验，锅炉本体水压试验时将安全阀隔离开。水压试验合格后应当将设备中的水排净，应使用压缩空气将内部吹干并及时办理签证手续。

(3) 设备单机调试包括锅炉的超压保护装置、过热保护装置、低水位保护装置及温度低于设定值时加热管是否正常启动；检查水泵安装方向是否正确，叶轮是否正确转动。单机试运转 2h，水泵应工作正常，无异常振动和声响，电机电流和功率不超过额定值，温度在正常范围内；各种阀门应开启灵活，密封严密；温度、压力等仪表应显示正常、动作准确。

(4) 系统联动调试包括调整水泵变频控制，使系统循环处在设计要求的流量和扬程；将温度、温差、水位压力的控制区间或控制点调整到设计及运行要求的范围；系统运行主干路、分支路及末端设备调节达到运行要求。

（5）调试完成后，锅炉应带负荷正常连续试运行 48h，并做好试运行记录，锅炉正常运行供回水工作压力、锅炉出口供回水温度、加热管加热情况；系统运行各部位压力、温度及流量仪表是否在设计允许范围内，水泵运转是否正常，有无泄漏；管道、阀门及附件是否严密，位置及标识方向是否正确等。

第十三章 监测与控制仪表

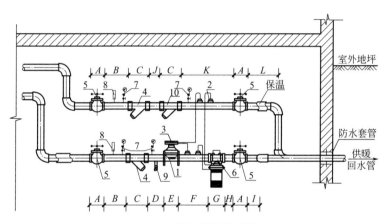

热力入口装置安装示意图

A—截止阀长度；B—截止阀与过滤器间距；C—过滤器长度；
D—过滤器与积分仪间距；E—积分仪长度；F—积分仪与
自力式压差控制阀间距；G—自力式压差控制阀长度；H—自力
式压差控制阀与截止阀间距；I—截止阀与回水管弯头间距；
J—过滤器与过滤器间距；K—过滤器与截止阀间距；
L—截止阀与供水管弯头间距

1—流量计；2—温度、压力传感器；3—积分仪；4—水过滤器（60目）；
5—截止阀；6—自力式压差控制阀；7—压力表；8—温度计；
9—泄水阀（DN15）；10—水过滤器（孔径 3mm）

工艺说明

（1）本图示为热力入口设于建筑物地下室。若室内系统安装自力式压差控制阀，此处不应重复设查。

（2）流量计和积分仪可采用整体式热量表或分体式热量表。当为分体式时，积分仪与流量计的距离不宜超过10m。

（3）热量表应设置在回水管上，安装时保证热量表前5D表后2D直管段（D为管径），对于难以判断供回水流向的情况，应保证热量表前10D表后5D直管段，以便供热后能进行调整。

130102 水管压力传感器安装

水管压力传感器安装

工艺说明

（1）当管路中有突出物体如测温元件时，取压口应取在其前面。

（2）当必须在调节阀门附近取压时，若取压口在其前，则与阀门距离应不小于2倍管径；若取压口在其后，则与阀门距离应不小于3倍管径。

（3）安装前应检查传感器的电气接线是否正确，以免损坏传感器。

（4）传感器在使用过程中应注意避免过载，超过量程范围使用可能会损坏传感器或影响测量准确性。

（5）应定期对传感器进行检查和校准。

第十四章 深化设计

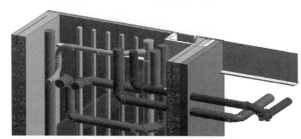

水管井成组套管现场施工图

工艺说明

　　(1) 应用 BIM 技术建立三维信息模型，在现场预留预埋阶段建立竖向管综模型，1：1模拟现场实际施工及检修空间，在现场结构阶段明确管井内空间是否满足使用要求。

　　(2) 管线深化完毕后可出具联合套管模具定位图套管成组下料，按图纸将套管预埋在模板上，随土建进行同步一次性浇筑，简化脱模工序，减少现场施工误差。

140102 走廊吊顶内管线排布

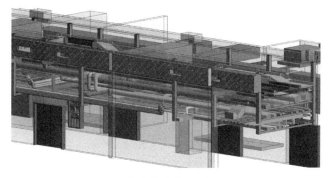

走廊管线模型图

工艺说明

（1）深化设计前应明确设计要求净高要求，并预留充足其装饰做法厚度，深化时可按照管线支吊架距墙面完成面100mm，预留200mm装饰吊顶做法空间。

（2）深化设计时应符合各专业施工验收规范，满足强制性条文要求，如有压管道避让无压管道，桥架位于水管上方，管线翻弯需校核对整体系统有无影响，同时应考虑伸缩节，接地干线扁钢等布置位置。

（3）精装修区域综合排布应按全专业整体考虑，管线布局有序、合理、美观，在保证保温、检修上人空间后，充分利用全部吊顶内空间，利用梁窝处疏解管线、翻弯，管线出线高度统一、错落有致，吊顶内墙面做法空间可用于支吊架布置。

（4）综合排布时应同时考虑末端点位追位便利，施工时排布在上的管线优先施工，末端点位成排成线布置，需追位管线可布置在靠下位置，最后进行安装。

（5）走廊管线密集，宽度紧张时各专业管线可以采用综合支吊架，受力计算校核后出具吊架加工图，现场统一加工，统一安装。

140103 地下车库管线排布

地下车库管线模型图

工艺说明

（1）地下车库梁下空间较大，深化设计时应遵守设计净高，充分利用高、宽度，管道宜平铺排布。

（2）考虑到施工工序及后续检修要求，将风管布置在高空上方，预留出保温空间，水电管线布置在风管下方，便于后续检修，深化排布时应考虑穿越层间管线与下层管综排布关系。

（3）管道之间预留足够的安装及检修操作空间。

（4）管道成排布置时需考虑电缆敷设空间，宽度大于1.2m时需考虑下喷淋头出支管位置及对净高影响。

（5）车库排布时管线应考虑导流风机、照明灯具、摄像头等末端设备位置，不遮挡。

140104 管井管线排布

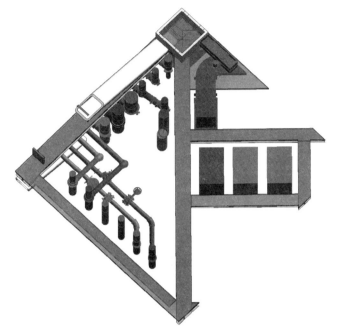

竖向管井管线模型图

工艺说明

（1）同一功能的管道优先布置在一起，宽度足够时同高度出支管。

（2）管道间间距需考虑套管安装空间，套管高出楼面或地面20mm。

（3）立管与水平管线连接处的阀门尽量安装在管井内，方便后期阀门检修及操作。

（4）成排立管并排安装时，管道距墙应预留150mm以上空间便于整体支架布置，优先采用共用支架，形式、标高统一。

140105 制冷机房综合排布

制冷机房模型图

工艺说明

（1）应按照同型号、同规格的设备集中、成排，阀门、部件、仪表应成线、朝向一致、方便操作的原则进行布置。

（2）建模时设备基础大小统一，混凝土基础大小应同时考虑设备减振台座，等电位扁钢统一布置在基础一侧。

（3）机房主要通道的宽度宜不小于1.5m，制冷机前方应预留出不小于蒸发器、冷凝器长度的清洗、维修间距，立管过滤器开启方向应保证充足空间。

（4）机房管线众多，宜分层布置，深化设计时应预留充足保温、检修空间，若使用落地支架应与设备出现支架整体考虑。

（5）排水沟宜布置在主要排水点、有漏水风险位置并连通泄水口。竖向支架及护墩避开水沟布置，根据功能考虑防冷桥措施，相同设备短管长度相同。

（6）机房宽度不足时，双吸泵可以考虑斜向布置。

（7）电源柜及控制柜宜单独设置配电间，设备供电使用金属软管设防水弯连接。

140106 空调机房综合排布

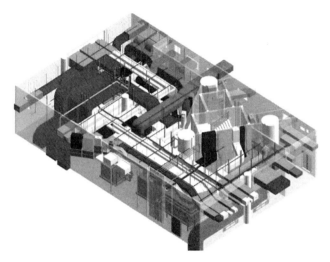

空调机房模型图

工艺说明

（1）深化设计前根据设备厂家提供设计参数进行机组外形尺寸、进出风口、进出水口、左右式1：1建模。

（2）深化设计时根据设备实际尺寸进行建模，基础外扩100mm，设备排水及冷凝水直接排入排水沟，排水沟与设备基础间距根据管线落地支架位置统一设置。

（3）空调机组无检修要求的一侧距墙预留空间不应小于200mm；单台机组接管及检修侧预留空间应不小于800mm，两台机组共用检修空间保证不小于1200mm，保证机组检修门及水管接口空间。

（4）深化设计时管线预留出消声器、软连接空间。

140107 消防泵房综合排布

消防泵房模型图

工艺说明

（1）相邻两个机组及机组至墙的净距，当电机容量小于 22kW 时，不宜小于 0.6m；当 22kW≤电机容量≤55kW 时，不宜小于 0.8m；当 55kW＜电机容量≤255kW 时，不宜小于 1.2m；当电机容量大于 255kW 时，不宜小于 1.5m。

（2）深化设计时根据设计要求及房间布局特点（接管长度、净高要求）选用卧式或立式消防泵。

（3）注意深化时吸水管处阀门、压力表、过滤器、柔性接头、偏心异径平接头安装顺序，并根据现场实际使用管件长度进行深化。

（4）深化考虑阀门、过滤器等操作方便，压力表、温度计朝向正确；成排管线、部件标高一致，成行成线；管线敷设不影响室内照明。

（5）电源柜及控制柜宜单独设置配电间，设备供电使用金属软管设防水弯连接。

140108 变配电室综合排布

变配电室模型图

工艺说明

（1）深化设计时避免无关管线穿越变配电室，房间内其余管线躲避配电柜及电缆沟上方布置。

（2）高、低压配电室及变压器室应适当留有备用间隔和扩容的余地。高、低压配电室内宜留有适当数量开关柜（屏）的备用位置，变压器的外形轮廓应按比其容量大一级考虑。

（3）固定柜布置时柜后离墙1m，柜前离墙不小于2.0m，抽屉柜布置时柜后离墙1m，柜前离墙不小于2.5m，多排布置时应同样保证宽度。

（4）其余管线深化时应保证距配电柜1m高，保证顶置母线穿越高度。

（5）电缆支架可多层布置，应经受力计算、设计签认完毕后现场施工。

140109 给水机房综合排布

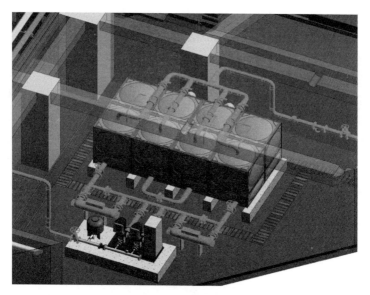

给水机房模型图

工艺说明

（1）为保证卫生要求，深化设计时避免无关管线穿越给水机房，水箱上方不布置喷淋头。

（2）给水机房深化时优先设备定位，需结合地面排砖、300mm宽排水沟布置，对设备定位及基础进行微调，保证地面观感。

（3）给水机房水管出线较多，房间整体深化时应做到水电分路布置，管道不穿越配电柜上方，水箱供水应经过消毒设备。

（4）排布时水泵吸水管、阀门、软接、消毒设备等1∶1建模，结合排水沟布置，进行落地支架定位。

（5）贴墙管线、支架布置时应预留出墙面做法。

140110 热交换站综合排布

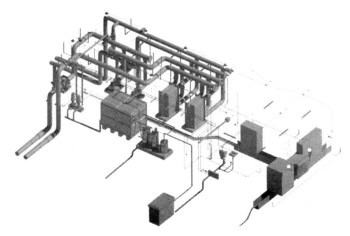

热交换站模型图

工艺说明

（1）应按照同型号、同规格的设备集中、成排，阀门、部件、仪表应成线、朝向一致、方便操作的原则进行布置。

（2）深化设计时可将板式换热器及循环泵靠近布置，便于工厂预制化加工，保证现场模块化安装一次成活，设备就位后进行管道及支架安装。

（3）竖向支架及护墩应避开排水沟布置。

（4）深化时水管道应避开热交换站配电室布置。

（5）电源柜及控制柜宜单独设置配电间，设备供电使用金属软管设防水弯连接。

140111 报警阀间综合排布

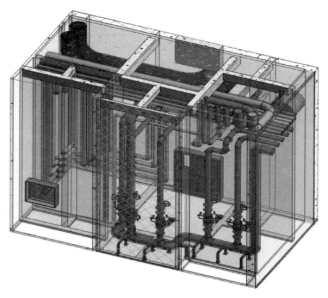

报警阀间模型图

工艺说明

（1）报警阀组应安装在便于操作的明显位置，距室内地面高度宜为1.2m；两侧与墙的距离不应小于0.5m；正面与墙的距离不应小于1.2m；报警阀组凸出部位之间的距离不应小于0.5m。

（2）压力表应安装在报警阀上便于观测的位置，排水管和试验阀应安装在便于操作的位置。

（3）阀门、部件、仪表应布置成线、朝向一致。

（4）挡水围堰布置不宜紧贴管道，需预留出落地支架位置。

140112 屋面综合排布

屋面设备管线综合模型图

◆ 工艺说明

（1）屋面设备应结合建筑布局管井位置就近布置，屋顶送排风口应严格按照设计要求距离布置。

（2）室外屋面设备基础考虑降雨汇流，基础应高于建筑完成面 250mm 以上，斜屋面根据最高点找平后基础高 250mm 以上。

（3）冷却塔集中成排布置，同部位管线及阀部件安装形式一致，保证观感效果，冷却塔基础高度需保证回水管不高于积水盘标高，管道支架安装在结构面上。

（4）屋面空间有限时设备可以考虑双层布置，根据屋面可用高度及设备高度搭建钢平台，增设检修爬梯。

（5）屋面通气管深化应结合下层管线及屋面设备设置统一考虑，宜引向无门、窗处或高出门、窗顶。

140113 工厂预制化机房深化设计施工

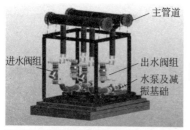
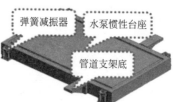
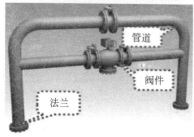
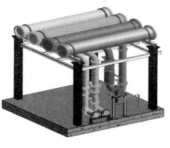

预制化分段模型图

工艺说明

（1）为保证机房后期模块化加工便利，深化排布时应将功能相近设备布置在同一处，管线分层布置。

（2）设备的参数、管件管材、连接工艺等参数均能够落实到模型中，做到模型与实物匹配，交付信息完整。

（3）模型深化完毕后，可根据功能段进行拆分，例如管线段、设备段等，工厂加工完毕后粘贴二维码辅助现场安装。

（4）在材料进场之后，需要做好对配件以及阀门等相关材料的复核工作，并预留可以将水平与垂直方向误差消除的配件便于现场一次性安装成活。

（5）根据现场作业环境及施工顺序，可选择落地支架、门型吊架和柱间梁架等多种支架方式。

140114 管件设备精准建模

成套设备建模模型图

工艺说明

（1）重点机房内设备需独立建模或采用厂家成品模型，保证施工图模一致，满足高精度深化、施工要求。

（2）建模时根据工程量可形成设备组或单一设备。

（3）建模时保证设备接线位置，接口大小、高度与现场订货设备一致。

（4）阀门、仪表表示出具体的外形尺寸、参数信息，添加连接件保证模型中系统一致。

（5）设备自带基础、台座与混凝土基础分开建模，便于后期整体机房深化调整混凝土基础大小、位置。

140115 公用吊架深化

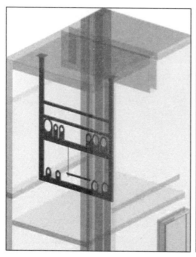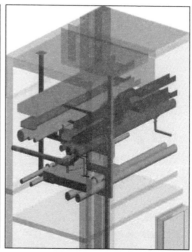

公用吊架模型图

工艺说明

（1）支吊架建模应基于现场调整完毕 BIM 综合模型，支架深化时管道定位应相对稳定，吊架布置位置应满足各专业施工规范要求。

（2）深化设计时根据管道外径、木托、保温厚度分别预留足够施工及检修空间，应保证管道做法完成后间距一致。

（3）公用吊架需进行受力计算及设计签认后进行施工。

（4）管线吊架深化设计出具剖面图，标注所用槽钢角钢型号、定位尺寸、支架上下层高差尺寸、支架横担长度等辅助现场准确加工，若有带坡度管道应计算支架高度达到设计要求。

（5）公用吊架深化时可与梁、柱、墙承重结构统一考虑，成模数进行安装，生根点保证安装稳定牢固。

140116 抗震支吊架深化设计

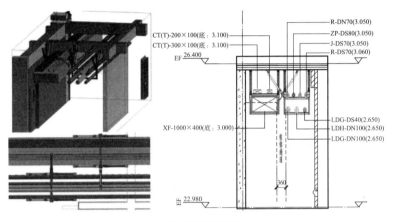

抗震支吊架模型图

工艺说明

（1）抗震支吊架建模应基于现场调整完毕BIM综合模型，支架深化时管道定位应相对稳定。

（2）抗震支吊架深化时除常规需预留检修、保温空间外，同时应考虑锚固体、加固吊杆、抗震连接构件及抗震斜撑占用空间，避免与其他管线、吊架冲突。

（3）运用BIM技术的可视性、超前深化的特点能够全面预先在安装位置的结构内放置预埋件，避免了锚栓对结构的破坏，同时能够辅助工厂进行精准下料。

（4）现场布置时根据支架周围的剪力墙、梁、柱、楼板等结构体，尽量选择可缩短斜支撑长度或者增大斜支撑角度的位置作为生根处。

140117 弧形管线深化设计

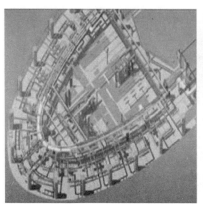

弧形管线模型图

工艺说明

（1）管线建模时应保证管件种类充足，角度满足现场使用需求。

（2）深化设计时应对弧形管道的走向、环境、支撑结构等进行全面、综合分析，并保证弧度统一。利用相关软件对项目中的弯曲半径进行准确测量，以测量结果为依据进行大样图的编制，确定弧形管道的水平长度及弦高，为弯管具体弧度提供依据。

（3）深化设计确认无误后，根据弯管特性选择现场使用煨弯或使用管件连接，出具线管加工深化图。

（4）管线安装前可先进行地面组装检测，检查弧度是否满足现场安装要求，安装完毕后进行管道试验保证使用功能。